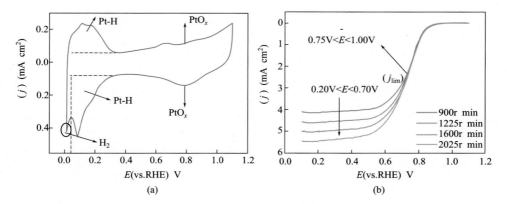

(a)

(b)

图 4.8 Ar 及 O_2 分别饱和的 0.1mol/L $HClO_4$ 溶液中 20% Pt/C

催化剂的循环伏安及线性伏安曲线

（a）Ar 饱和的 0.1mol/L $HClO_4$ 中循环伏安曲线，扫速：10mV/s；（b）O_2 饱和

的 0.1mol/L $HClO_4$ 中线性伏安曲线，扫速：10mV/s

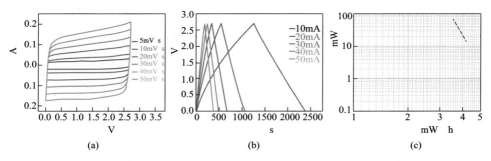

(a)   (b)   (c)

图 4.12　不同扫描速度下 CV 曲线示意图（a），不同充放电电流下

GCD 曲线图（b）和 Ragone 图（c）

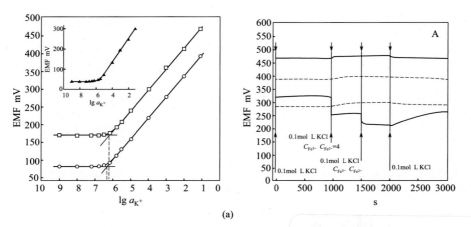

(a)

图 5.27

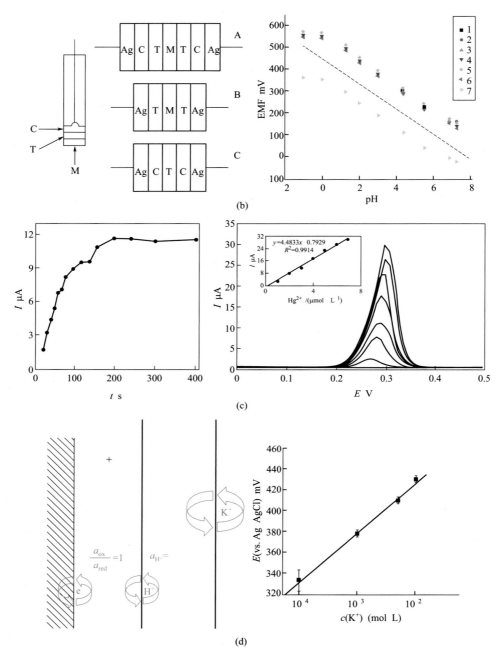

图 5.27　(a) XE-2 炭黑作固接转换层 K$^+$ 选择性电极检测限以及氧化还原电对对其干扰测试[101]；(b) pH 电极的结构图以及其 pH 响应曲线；(c) CNT 和 Hg^{2+} 印迹纳米聚合物粒子相掺杂作为固态转接层的全固态离子选择性电极及测试结果[103]；(d) 石墨烯表面修饰上 N-(2,5-二甲氧基苯基) 乙基-1-胺作为固态转接层的全固态离子选择性电极及测试结果[104]

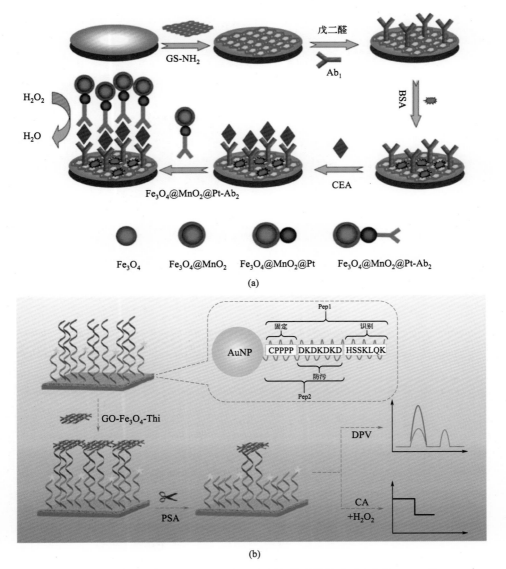

图 6.3 （a）基于 Fe_3O_4@MnO_2@Pt 的免疫传感器构建过程[47]；（b）基于
GO-Fe_3O_4-Thi 复合材料的电化学生物传感器示意图[48]

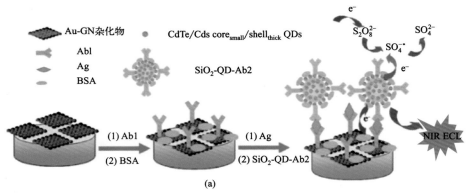

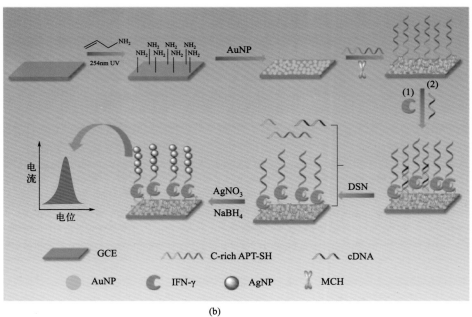

图 6.5 （a）纳米材料作为信号标签用于测试血红蛋白的生物传感器[51]；
（b）纳米材料作为信号标签用于测试 γ 干扰素的生物电化学传感器[53]

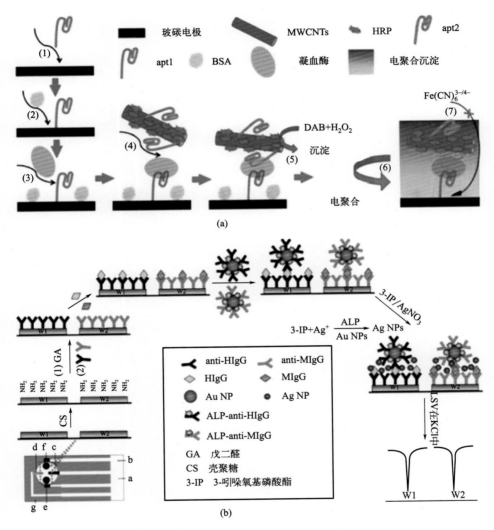

图 6.7　基于酶催化产物沉积法实现信号放大的原理图

（a）电化学传感器用于测定凝血酶[58]；（b）电化学传感器用于测定 IgG[62]

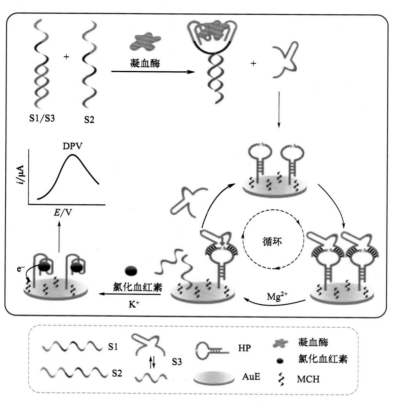

图 6.10　基于邻近结合和金属离子依赖性 DNA 酶的回收扩增在
凝血酶电化学测定中的示意图[93]

高等学校教材

Electrochemical Analysis Techniques and Experiments

电化学分析技术与实验

牛利　韩冬雪　王铁　等编著

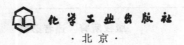

化学工业出版社

·北京·

内容简介

《电化学分析技术与实验》从电化学分析技术发展历程及仪器技术方法出发,重点阐述了常见的电化学分析技术中的波形方法、体系结构及实验准备等细节性的技术过程方法,并以此为基础,设计了12组基础的电化学分析实验,涵盖从基础技术到方法应用,如电化学传感、导电聚合物、生物电化学传感、电化学催化、电容器及锂电池储能技术标准方法等,特别是针对离子传感技术及生物电化学分析两方面进行了详细论述。

本书可供高等院校分析化学、电化学等相关专业高年级本科生、研究生作为教材使用,也可供相关领域科研人员和技术人员参阅。

图书在版编目(CIP)数据

电化学分析技术与实验 / 牛利等编著. -- 北京:
化学工业出版社,2024. 10. -- ISBN 978-7-122-46060
-8

Ⅰ. O657.1

中国国家版本馆 CIP 数据核字第 2024E5Q145 号

责任编辑:成荣霞　　　　　　　　　文字编辑:张瑞霞
责任校对:田睿涵　　　　　　　　　装帧设计:王晓宇

出版发行:化学工业出版社
　　　　　(北京市东城区青年湖南街 13 号　邮政编码 100011)
印　　装:北京科印技术咨询服务有限公司数码印刷分部
710mm×1000mm　1/16　印张 11¼　彩插 3　字数 198 千字
2024 年 10 月北京第 1 版第 1 次印刷

购书咨询:010-64518888　　　　　　售后服务:010-64518899
网　　址:http://www.cip.com.cn

定　　价:39.80 元

前　言

电化学技术方法作为物理化学中唯一以大工业为基础的学科，在化工、冶金、机械、电子、航空、航天、轻工、仪表、医学、材料、能源、环境、生命等诸多领域中占据着重要的地位，如氯碱工业、铝等轻金属冶炼、铜等金属的电解精炼、离子电池等化学电源、金属的腐蚀与防护、废水的电化学降解处理等。以其原理技术发展起来的电化学分析技术，也已经成为人民生产生活中不可替代的重要组成部分，如家用的血糖检测、医疗诊断中的血气分析及电化学发光免疫分析、实验室及工业分析中常用的酸度计、工业及家居有毒有害气体的电化学传感监控等。

在新中国成立以来的 70 多年间，我国的化学工作者在电化学及电化学分析，在基础理论研究、电化学分析方法的建立、电化学及电分析仪器技术方法等方面均取得了长足的发展，作出了诸多开拓性的贡献，从电极过程动力学到示波极谱技术方法、从电化学测量技术到电分析化学应用、从电化学电流理论到仪器技术方法及控制系统、从电化学实验到电化学分析仪器、从光谱电化学联用理论到电化学联用技术方法、从电化学成像到电化学发光等，为我国的电化学及电分析化学技术发展奠定了坚实的理论及技术基础。

电化学及电化学分析技术以其独特的理论方法、简单的技术过程、低廉的仪器系统成本等优势，已经广泛地渗透入各个相关行业领域中，从实验室的传统分析化学拓展到其他化学专业中，如物理化学、有机化学、无机化学、环境化学、材料化学、能源化学等；从化学学科扩展到材料、能源、医疗、化工、冶金、机电等；从民用到国家重大需求，如环境治理、公共安全等。

电化学及电化学分析技术方法的基础及应用研究，由于更多地涉及实验过程的设计、运行及数据采集分析等，是一个完全依赖于电化学实验的实验科学，其实验过程的合理设计、电化学基础参数的合理运用及表征、电化学实验数据的处理及实验结论总结是否合理准确，是评价电化学实验是否成功的基本保证。目前已经有相当多的电化学基础理论教材，同时也有一些围绕电化学基本技能培训及电化学、电分析化学应用领域的实验教程，这些基础及实验技能的总结对推进电化学、电化学分析技术方法的进一步发展起到了至关重要的作用。本书立足于一些常见的电化学基础技术方法及实验室基本技能的培训，设计了多种不同电极常见的基础电化学参数的标准技术方法，同时也更突出了一些基本的常见技能实验过程培训。此外，本书也尝试介绍一些基本电化学技术方法在生物分析、聚合物材料、腐蚀与防护、电化学催化、能源电化学等方面的基础应用示例。

参与本书编写的诸多编写者大多毕业于电分析化学国家重点实验室，并长期从事电分析化学领域的研究工作。本书以这些作者的多年研究工作为基础，结合对电分析化学基础过程一些必要技能培训的认识，以力图培养电分析化学基础实验技能为导向，面向高年级本科生、初级研究生、非化学相关专业研究生的电化学及电分析化学基础实验技能培训，以期能将基本电化学实验操作标准准确融入需要电化学实验技能的科学研究工作中。

本书主要由牛利教授、韩冬雪教授、王铁教授（天津理工大学）主笔撰写，同时也得到了包宇教授、甘世宇教授、张悦副教授（天津理工大学）、王伟教授、孙中辉副教授、胡琼副教授、钟丽杰博士、周凯博士、毛燕博士、谢春霞硕士研究生（中山大学）、刘天任博士研究生（中山大学）、以往的团队成员李凤华副研究员等的大力支持，在此一并感谢。

由于笔者水平有限，疏漏在所难免，恳请读者及行业专家多提出批评指正。

牛利

目 录

1 电化学分析基础　　001

2 电化学分析测量步骤及方法　　015

3　电化学分析实验基础　038

4　电化学实验技术方法应用　062

5　纳米材料在离子选择性电极中的应用　090

6　生物电化学分析及信号放大策略　　131

1

电化学分析基础

1.1 电与化学的早期历史追溯

电的发现及应用极大地节省了人类的体力劳动和脑力劳动，为人类改造世界增添了强有力的助力，也使得人类认识社会的程度得到不断地延伸深入。

在古代，人类对电的认识仅仅是从接触各种自然放电现象开始的。从对自然界电现象的恐惧，刺眼的雷电、震耳欲聋的雷声、常常伴随的天火及洪水等自然灾害；到对自然界电现象的敬畏和粗浅认识，"阴阳相薄为雷，激扬为电"的阴阳两气彼此相碰产生雷、相互急剧作用产生电；再到对自然界电现象的崇敬和讴歌，"如雷贯耳""电光石火""疾风迅雷""雷厉风行""风驰电掣"等等。

直到 1752 年，美国科学家富兰克林（Benjamin Franklin，1706—1790，图 1.1）通过在雷雨中放的风筝传导，从而证明了划过天空的闪电中含有电能。1771 年意大利生物学家伽伐尼（Luigi Galvani，1737—1798，图 1.1）在做青蛙解剖实验的时候，发现用金属棒去触碰现剥的蛙腿，会引起蛙腿肌肉的剧烈痉挛，

(a)   (b)

图 1.1 富兰克林（a）和伽伐尼（b）

伽伐尼通过反复的实验，最终认为这是自身产生的电，并提出是"生物电"导致的蛙腿痉挛，并于 1791 年提出了生物电的概念。这对于电化学学科来说，是一个重要的历史时刻，后人公认伽伐尼这篇论文就是电化学以及电生理学研究的历史开端。

随后意大利物理学家伏打（Alessandro Volta，1745—1827，图 1.2）提出这种电并非来源于"生物电"，而是两端的金属电极导致的，解剖的青蛙腿实际上不仅充当了电解液的作用，而且是一只非常灵敏的"验电器"；伏打也

进行了进一步的阐述，将金属称为第一导体，溶液称为第二导体，将二者连接成为回路就可能产生电流，这与动物本身是无关的；1800 年，伏打在巴黎展示了他的电池发明：一叠用毛毡垫隔开的铜和锌的圆片（这些圆片用盐水浸渍过）-伏打电堆（Volta pile），当连接叠片的两极时，就会产生电流，这个系统使储存电力并根据需要产生电力成为可能。

图 1.2　伏打及伏打电堆

图 1.3　法拉第及圆盘发电机

　　伏打电堆的出现在化学界掀起了一次研究热潮，开辟了新的研究领域，从那时起，电化学正式成为了化学家族中重要的一员。化学家们同期，如 1800 年英国的尼克尔逊（William Nicholson, 1753—1815）和卡利斯尔（Anthony Carlisle, 1768—1840）重复了伏打的结果，通过电解水得到了氢气和氧气；英国化学家戴维（Humphry Davy, 1778—1829）电解了熔融盐，最终制备了金属钠和钾。戴维的助手英国物理学家及化学家法拉第（Michael Faraday, 1791—1867，图 1.3）于 1831 年发现电磁感应现象，进而得到了产生交流电的方法，以此为基础发明了圆盘发电机，这也是人类创造出的第一个发电机，1834 年，法拉第发表了"关于电的实验研究"，其中提出了物质在电解过程中参与电极反应的质量与通过电极的电量是成正比的，不同物质电解的质量则正比于该物质的分子量，也就是后人称为的法拉第电解定律。其包含的法拉第第一定律及第二定律成为了电化学中重要的也是最早的定量的定律，启发了物理学家形成电荷具有原子性的概念，从而间接导致了基本电荷 e 的发现，为建立物质电结构理论提供了重要的实验积累。从电化学分析技术上来看，后来在 1940 年左右出现的库仑分析方法，就是以法拉第定律为基础的，只是法拉第提出理论之时，还没有足够的仪器技术来拓展这个定律的应用。

　　德国物理学家能斯特（Walther Nernst, 1864—1941，因 1906 年提出的热力学第三定律获得了 1920 年诺贝尔化学奖，图 1.4），在 1889 年将热力学原理应用到了电池上，认为电极是有

$$E = E^{\ominus} - \frac{RT}{nF}\ln\frac{a_{red}}{a_{ox}}$$
$$\Leftrightarrow E = E^{\ominus} + \left(\frac{RT}{nF}\right)\ln\frac{a_{ox}}{a_{red}}$$

图 1.4　能斯特及能斯特方程

"溶解压力"的，进一步提出了能斯特方程。能斯特阐明了在一定温度下，可逆电池的电动势与参加电池反应各组分的活度之间的关系，具体明确反映了各组分活度对电动势的影响。这是自伏打发明电池近百年来第一次有人能对电池产生电势作出合理解释。能斯特方程将电池的电势同电池的各个性质之间紧密联系起来，相关理论仍然沿用至今。能斯特方程是电化学中的最基本方程，在这个基础上发展出了电势测量法，电势测量法是常用的电分析技术之一，通过测量平衡状态下的电池电动势，来确定离子浓度或者进行电势滴定。

能斯特方程提出之后，电化学研究理论日渐丰富，该领域的许多科学家见图 1.5。如 1887 年的瑞典化学家阿伦尼乌斯（Svante August Arrhenius，1859—1927）提出的电离理论，1905年塔菲尔（Julius Tafel，1862—1918）提出了电极反应动力学的经验性公式——Tafel 方程，1910—1913 年法国物理学家 Louis Georges Gouy（1854—1926）和英国物理学家 David Leonard Chapman 分别提出了双电层电荷分布模型——Gouy-Chapman 模型，1923年荷裔美国物理学家德拜与联邦德国物理及物理化学家休克尔（Peter Debye，1884—1996；Erich Hückel，1896—1980）提出了强电解质电离的德拜-休克尔极限理论，1924 年德裔美国物理学家斯特恩（Otto Stern，1888—1895）结合 Gouy-Chapman 和 Helmholtz 模型提出了较为完善的双

图 1.5 从左到右依次为 Svante August Arrhenius，Julius Tafel，Louis Georges Gouy，David Leonard Chapman，Peter Debye，Erich Hückel，Johan Alfred Valentine Butler，Max Volmer，Dionýz Ilkovič

电层模型，1930 年提出了电化学中重要的关于电化学反应动力学的 Butler-Volmer（英国物理化学家 Johan Alfred Valentine Butler，1899—1977；民主德国物理学家 Max Volmer，1885—1965）方程（也称为 Erdey-Grúz-Volmer 方程），1934 年捷克物理及物理化学家 Dionýz Ilkovič（1907—1980）提出了滴汞电极上的扩散极谱电流方程。人们在电极和溶液的界面问题以及电极过程问题的理解和认识上，已经到了一个较为系统的程度。

1922 年捷克化学家海洛夫斯基（Jaroslav Viktor Leopold Heyrovský，

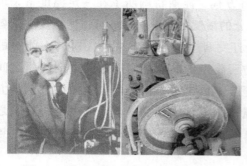

图 1.6 海洛夫斯基及其发明的极谱仪

1890—1967，图 1.6）提出极谱方法，他采用液态的滴汞电极，通过不断地循环获得洁净的电极表面，滴汞电极以较小的面积、易极化的优势使得测试过程完全依靠扩散电流控制，实现技术方法上的重大革新。Heyrovský 在 1959 年因为极谱法的提出获得了诺贝尔化学奖。极谱法具有广泛的用途范围，可用于无机离子分析，也可用于有机物的分析，尤其是在地质、冶金、土壤、卫生防疫、理化检验方面已经形成国家、行业及地方标准。

与极谱法相关的极谱仪器产品，也从早期的示波极谱仪（oscillopolarograph）不断地发展演变，如可以减少电容电流影响的方波极谱仪（square wave polarograph），到灵敏度更高的脉冲极谱仪（normal pulse polarograph），再到灵敏度、精确度更高并且可以克服充电电流干扰的微分脉冲极谱仪（differential pulse polarograph）等，如图 1.7 所示。

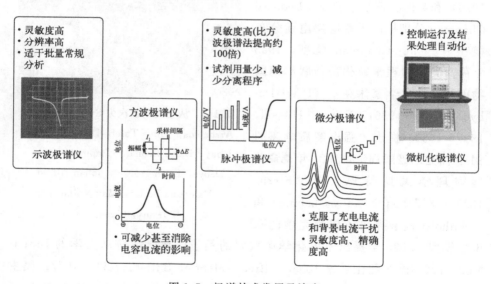

图 1.7 极谱技术发展及演变

1.2 电化学分析技术

电子、质子是构成物质结构的基本粒子，化学反应的发生必然涉及电子的转移或偏移，将化学变化与电的现象紧密联系起来的学科便是电化学。应用电化学的基本原理和实验技术，依据物质的电化学性质来测定物质组成及含量的分析方法称为电化学分析或电分析化学。

电分析化学是利用物质的电学和电化学性质进行表征和测量的科学，它是电化学和分析化学学科的重要组成部分，与其他学科，如物理学、电子学、计算机科学、材料科学以及生物学等诸多学科有着密切的关系。

电分析化学经过多年的发展已经建立了比较完整的理论体系，它既是现代分析化学的一个重要分支，又是一门表面科学，在研究表面现象和相界面过程中发挥着越来越重要的作用。

电分析化学不仅是电化学学科的分支领域，同时也是仪器分析的重要分支，现代电分析化学是一个融合了电化学、分析化学和仪器科学技术的学科，在解决实际生活中的分析问题中表现出了其独特的能力。随着现代分析仪器技术微型化、仿生化、自动化、信息化的发展，电分析化学技术以其高灵敏、小尺寸和方便快捷的优势，引发出众多实用的检测体系，并得到了广泛的应用。

电分析化学仪器就是用来测量和记录化学变化过程中的电流、电阻、电势强度和变化的仪器设备。它把化学过程中的现象以电势差、电流、电量、电阻（电导）、电容等形式进行测量和表达，其特点是能够进行快速分析，仪器简单、易自动控制、灵敏度高，适合微量、痕量分析，测量范围宽，在科学发展中有着不可低估的作用。按基本功能分类为酸度计、离子计、电导率仪、电势滴定仪、库仑仪、伏安仪、电池充放电测试系统、电解分析与电解加工用仪器、色谱等专用电化学检测器等，实验研究仪器有极谱仪及伏安和循环伏安仪、恒电位/电流仪、液/液界面电分析仪、阻抗分析、时空/光谱联合控测的微区分析和成像分析等。其基本技术方法可分为控制电势、控制电流、线性扫描、脉冲技术、计时测量、交流技术、阻抗技术、和分离/光谱/显微等技术的联用等，目前已经发展出上百种方法用于各种用途。电化学技术方法不仅可以用于化学反应过程的控制，同时其相关测量物理量也可以成为有效的分析测量手段（图1.8）。

电化学分析方法具有灵敏度高、准确度高、测量范围宽、仪器设备简单、操作简单方便、容易实现自动化等优点。电化学分析方法不仅可以用于物质组成和含量的定量分析，也可以用于结构分析，如元素价态和形态分析。

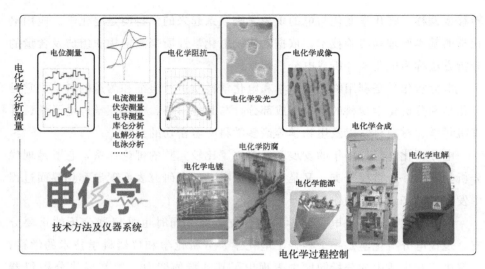

图 1.8　电化学过程控制及电化学分析测量应用

1.3　电化学仪器技术发展

电化学分析技术方法的发展，尤其是仪器系统硬件的发展，很大程度上受制于同时代的电子技术。1941 年英国雷彻斯特大学（University of Leicester）的 A. Hickling 研制了三电极恒电势仪[1]，自此成为电化学分析仪器的核心模块。随后人们陆续提出了方波伏安法、脉冲伏安法等新的技术。在 20 世纪60～80 年代，随着半导体电子学的飞速发展，运算放大器和数字电子计算机在电化学分析系统中得到了大规模的应用，极大程度上推进了电化学分析仪器的发展（图 1.9）。

1963 年，美国威斯康辛大学的 W. M. Schwarz 和 Irving Shain 将集成运算放大器首次应用到电分析恒电势仪的设计中[2]，尽管技术还相对较为原始，但它们在电化学分析仪器中的应用已经开始显现，在电极电压的精确控制、电流到电压的转换、信号的放大与滤波等方面得到了广泛的应用。而在 20 世纪60 年代末期，模拟-数字转换器（ADC）和数字-模拟转换器（DAC）与电子计算机的结合，使得通过软件编程的方式实现更为复杂的波形产生以及检测结果的自动化数据采集、处理与分析成为可能[3]。1967 年美国明尼苏达大学的Bruckenstein 等人设计了双恒电位仪[4]、1973 年美国威斯康辛大学 Evans 等人尝试使用计算机控制来实现数据拟合[5]、1986 年美国伊利诺伊大学的Faulkner 等人实现了溶液电阻的自动测量与补偿[6]，自此综合性的电化学工作站已现雏形。

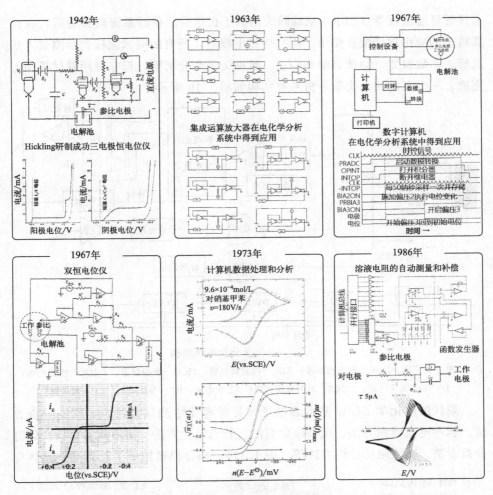

图 1.9　电化学分析测量系统的发展

1.4　电化学分析仪器系统

　　典型的现代电化学工作站系统，一个核心组成部分为电极电信号的控制部分，如用于电极电势控制的恒电势仪或用于控制流经电解池的电流的恒电流仪（通常情况下，这两部分合二为一，由同一个电路实现），这部分电路通常由数个集成运算放大器以及继电器或模拟开关构成。另外两个不可或缺的组成部分为产生所需扰动信号的波形产生电路和收集数据的高速数据采集电路，分别由数字-模拟转换器件（DAC）和模拟-数字转换器件（ADC）构成，这两个功能模块通常由微控制器（MCU）及其内部运行的嵌入式软件进行控制，用以实现各种电化学波形的产生和被测信号的采集。仪器系统中通常还会在信号链路上设置低通滤波器（LPF）来滤除无用的干扰信号。仪器系统需要与运行在计算机上的应用软件配合使用，用户连接电极后，所有的测试流程包括测试方法选择、参数设置、测试启动和停止、数据记录和分析等，都在应用软件界面上完成。一个完整的电化学分析系统结构如图1.10所示。

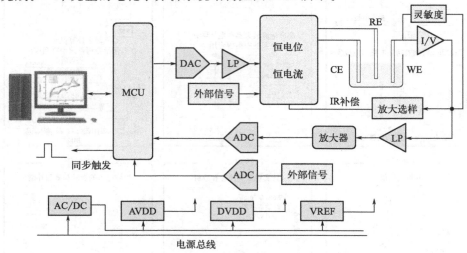

图 1.10　电化学分析系统结构

LP—低通滤波器；DAC—数模转换器；ADC—模数转换器；MCU—微控制器；AVDD—模拟电源；

DVDD—数字电源；VREF—参考电压；WE—工作电极；RE—参比电极；CE—对电极

现代的电化学工作站基本囊括了常见的电化学测试方法，如伏安分析方法、脉冲电流检测方法、稳态极化方法、暂态极化方法、溶出伏安分析、计时分析方法、交流阻抗分析方法等（图1.11），部分仪器扩展了针对某些具体应

伏安分析	线性扫描伏安(LSV)	稳态极化	开路电位(OCP)	溶出伏安	电位溶出分析(PSA)
	线性循环伏安(CV)		恒电位极化(*i-t*曲线)		线性扫描溶出伏安(LSSV)
	阶梯循环伏安(SCV)		恒电流极化		阶梯溶出伏安(SCSV)
	方波伏安(SWV)		动电位扫描(Tafel曲线)		方波溶出伏安(SWSV)
	差分脉冲伏安(DPV)		动电流扫描(DGP)		差分脉冲溶出伏安 (DPSV)
	常规脉冲伏安(NPV)		电位扫描-阶跃		常规脉冲溶出伏安(NPSV)
	差分常规脉冲伏安(DNPV)				差分常规脉冲溶出伏安(DNPSV)
	交流伏安(ACV)	暂态极化	任意恒电位阶梯波	计时分析	计时电位法(CP)
	二次谐波交流伏安(SHACV)		任意恒电流阶梯波		计时电流法(CA)
	傅里叶变换交流伏安(FTACV)		恒电位阶跃 (VSTEP)		计时电量法(CC)
电流检测	差分脉冲电流(DPA)		恒电流阶跃(ISTEP)	扩展测量	电化学噪声(EN)
	双差分脉冲电流检测(DDPA)	交流阻抗	阻抗-频率扫描		电化学溶解/沉积
	三脉冲电流检测(TPA)		阻抗-时间扫描		数字记录仪
	积分脉冲电流检测(IPAD)		阻抗-电位扫描		动电位再活化法(EPR)
					溶液电阻测量
					循环极化曲线(CPP)

图 1.11　一些常见的电化学分析测量技术方法

用的测试方法，如针对腐蚀测试领域的电化学噪声分析、针对锂离子电池测试的组合充放电测试等。

虽然电化学工作站系统的基本组成方式以及功能在 20 世纪 90 年代就已经建立，但随着电子技术的进步，其极限测量参数仍在不断提升，如电流测量灵敏度、电压电流控制和测量范围、交流阻抗频率范围、信号采集的时间分辨率等主要参数仍在不断提高，测试方法、数据处理方法也在不断地提升；另外，随着应用领域的扩展，设备的形态也在发生变化，从传统的台式仪器到小型的便携式设备，再到集成化、可穿戴甚至是单芯片的检测器件（图 1.12）。

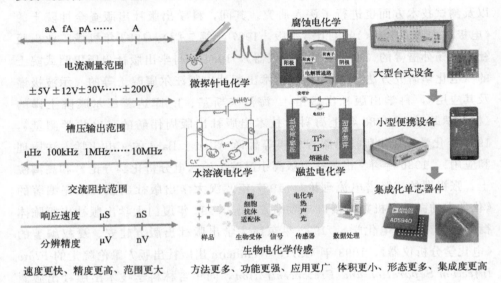

图 1.12　电化学分析测量系统发展

1.5　中国的电化学技术基础及仪器发展历程

在 20 世纪 80 年代中期以前，电化学分析的基本方法已经广泛建立，我国的电化学仪器也已经完成电子管向晶体管的过渡，和 XY 记录仪等机械装置联合使用，可以构成比较原始基础的仪器系统，制造厂商有福建三明市无线电二厂、延边无线电厂等；中国科学院长春应用化学研究所在 20 世纪六七十年代研制了示波和方波极谱仪、伏安和循环伏安仪、脉冲极谱仪，80 年代研制出多功能新极谱仪，并获国家优秀新产品金龙奖。

从 20 世纪 80 年代中期到 90 年代初期，随着电子技术的发展和微型计算机的普及，计算机控制的电化学分析仪器迅速发展，EG&G PARC、Pine、Solartron 国际先进仪器大量进入。我国的一些大学和研究所等研究机构在此阶段也开始研究电化学仪器的计算机控制技术和数据处理技术，包括中国科学院长春应用化学研究所（简称"长春应化所"）、武汉大学、厦门大学、中国科学技术大学、中国科学院金属研究所、中国矿业大学等对我国电化学仪器技术的早期开拓探索作出了贡献。江苏电分析仪器厂与中国科学技术大学合作推出我国自行研制的第一代 MEC-12A 多功能微机电化学分析仪，山东电讯七厂的 MP-1 溶出分析仪获得了 1989 年第三届 BCEIA（北京分析测试学术报告会暨展览会）的金奖。

20 世纪 80 年代及 90 年代，我国的研究者在电分析化学理论和实验方法以及测试技术方面也进行了深入研究。其间，科学出版社出版查全性院士的《电极过程动力学》（1978 年第一版，1987 年第二版），1983 年机械工业出版社出版杨孙楷等的《电化学式分析仪器》，1984 年科学出版社出版田昭武院士的《电化学研究方法》，四川科学技术出版社出版汪尔康院士等的《示波极谱及其应用》，科学出版社出版由 J. 海洛夫斯基、J. 库达著汪尔康院士译的《极谱学基础》，1985 年上海科学技术出版社出版周伟舫的《电化学测量》，1986 年化学工业出版社出版谷林锳等翻译 Allen J. Bard 的《电化学方法原理和应用》，1986 年科学出版社出版高小霞院士的《电分析化学导论》和高鸿院士、张祖训的《极谱电流理论》，1987 年武汉大学出版社出版吴秉亮编著的《化学中的微计算机数据接口与数据方法》，1992 年厦门大学出版社出版陈体衔编著的《实验电化学》，1992 年东南大学出版社出版方建安、夏权编著的《电化学分析仪器》，1993 年 VCH，Weinheim 出版社出版方肇伦院士的 *Flow Injection Separation and Preconcentration*，同年吉林科学技术出版社出版谢远武、董绍俊的《光谱电化学方法——理论与应用》，1994 年中国矿业大学出版社出版冯业铭、朱成栋编著的《恒电位仪电路原理及其应用》，1995 年北京师范大学出版社出版李启隆的《电分析化学》，1998 年高等教育出版社、施普林格出版社出版吴浩青院士、李永舫院士的《电化学动力学》，1999 年科学出版社出版汪尔康院士主编的《21 世纪的分析化学》，这些专著也为我国电化学仪器的发展提供了理论和技术基础支撑。

20 世纪 90 年代，我国的电化学仪器技术进一步发展，并向成熟产品延伸。全国数十家科研、教学单位和制造商进行了广泛活跃的研究，电化学仪器有了长足的进步，在专用和常用仪器方面，出现了一批我国自产的仪器（如DHZ-1 型电化学综合测试仪、DD-1 型电镀参数测试仪、CMBP-1 型双恒电位仪、HPD-7 恒电位仪、双参比恒电位仪、电化学 CV 自动测试仪、JP-2 型示波极谱仪、CH-1 型恒电位仪、MC98-A 型多功能极谱仪、CP-A 型微机极谱仪、微机化多功能电位溶出分析仪、SV-2.0 微机电极溶出仪、MEC-Ⅱ型微机电化学分析仪、多功能超微电极电化学仪器、腐蚀电化学测量与分析系统、ECA-1型电化学参数采集系统、恒速数字自动电位滴定仪、KD586微机电化学分析系统、LK98系列微机电化学分析系统等）。直至90年代末期，长春应化所朱果逸、董献堆、夏勇等在九五攻关计划的支持和武汉大学的帮助下，完全自主研制出全面综合通用型ECS2000电化学测试系统，标志着我国已经全面掌握了电化学仪器技术。这些仪器产品和国外仪器水平差距逐渐缩小，系统不断完善，逐步走向成熟，建立了竞争的基础。

同时，电化学、电分析方法和技术在我国也得到广泛的研究和发展，汪尔康、董绍俊、陈洪渊、方禹之、高鸿、高小霞、张月霞、俞汝勤、姚守拙、赵藻藩、周性尧、张祖训、莫金垣、张懋森、袁倬斌、吴守国、方建安、林祥钦、朱果逸、李培标、邓家祺、李南强、金文睿、金利通、彭图治等在方法技术和分析应用领域的研究，广泛涉及方波伏安法、扫描伏安法、络合吸附催化、极谱法、示波分析、因子分析、神经网络、电位溶出、电流溶出、微电极、超微电极、化学修饰电极、化学计量、离子选择电极与传感器、生物传感器光谱电化学、免疫分析、色谱/光谱/毛细管电泳联用、扫描隧道显微法和液/液界面电化学分析等诸多方面。在涉及重要工业领域的电化学方面，田昭武、查全性、林祖赓、陆君涛、吴秉亮、林昌健、王宗礼、周伟舫、周运鸿、周仲柏、刘佩芳、杨汉西、田中群、孙世刚、陈立泉、陈体衔、陆天虹、力虎林、章宗穰、吴仲达、周绍民、杨绮琴、林仲华、蔡生民、宋诗哲、刘忠范、杨华铨等开展了电极过程动力学、电化学研究方法、化学电源、金属腐蚀防护、表面与界面催化电化学、传感器、电解电镀电沉积、微区刻蚀与分析、光电材料、多光谱联用、扫描探针联用等范围广泛的研究，为建立各种电化学技术方法、为我国在后来化学电源领域的大发展奠定了广泛基础。

进入21世纪以来，随着嵌入式计算机以及网络技术的发展，电化学分析仪器逐渐迈向信息化、智能化、硬件集成功能化、软件程序模块化、组件化、微型化，不但测量速度、精度、准确度、分辨率有较大提高，实时现场在线能力也得到增强。电化学和电分析的技术和方法也在更广泛的纵深进行深化发展，众多机构进行了仪器相关的研制和试制。特别是超微电极、分离联用、复杂多通道技术、芯片系统、成像技术得到深入发展。厦门大学在微区时空分辨、光谱联合分析方面，武汉大学在多孔电极、电池材料、电子自旋共振方面发展了独特的电化学技术。南京大学、北京大学、复旦大学在生命分析、超微针尖相关的电化学方面都有出色成果，长春应化所在修饰电极、液液界面、电分析仪器方法等方面走出了自己的道路。中国科学院大连化学物理研究所、西北师范大学、湖南大学、中国科学技术大学、南开大学、山东大学、哈尔滨工业大学、华东师范大学、中国科学院金属研究所、天津大学、华中科技大学、中山大学、华南理工大学、北京航空航天大学等在芯片技术、计量分析方法、电化学发光、扫描探针技术、腐蚀分析方法、电化学微细加工等方面做出了自己特色。随着纳米化学和生物化学等与电化学间的交叉，亦有很多跟随科学前沿发展的电化学基础及分析电化学原理与方法仪器等方面的专著出版，如：科学出版社 2000 年出版的张祖训、汪尔康撰写的《电化学原理和方法》，2001年出版的邹汉法等撰写的《毛细管电色谱及其应用》，2003 年出版的董绍俊等撰写的《化学修饰电极（修订版）》，2005 年出版的万立骏撰写的《电化学扫描隧道显微术及其应用》，2006 年出版的鞠熀先撰写的《电分析化学与生物传感技术》，汪尔康主编的《生命分析化学》，2012 年出版的（中）鞠熀先、张学记、（美）约瑟夫·王著，雷建平、吴洁、鞠熀先译《纳米生物传感：原理、发展与应用》，2021 年牛利、包宇等撰写的《电化学分析仪器设计与应用》，2022 年李景虹等编著的《生物电化学》等。

1.6 电化学仪器发展及联用技术

在微型计算机普及之前，电化学分析仪器的参数设定是通过仪器面板上的旋钮和按钮来实现的，数据的记录则需要通过人眼观察手工记录，速度缓慢并且准确性较差；和 XY 记录仪的联合使得操作者从繁重的记录工作中解脱出来，并且使得记录的精确度和准确性大幅提高，但对实验测得数据的处理仍旧需要手工进行；与计算机相结合后，仪器的操作方式发生了根本性的改变，用户可以在计算机的图形界面上设置实验流程和参数，实验数据以曲线的形式直观地显示在屏幕上，通过调用计算机软件上的功能算法，可以比较方便地实现数据分析处理，例如示差分析、卷积分析、微分积分、噪声滤除、峰位峰高峰面积等测定、小波变换与傅里叶变换处理等。在 20 世纪 80 年代后期和 90 年代前期，受计算机存储容量的限制，分析仪器应用软件能够存储和处理的数据长度是非常受限的，这限制了一些需要快速采集大量数据或者需要长时间连续测试场景的应用；而随着微型计算机内存容量和性能的飞速提升，这一瓶颈早已成为历史，当前的分析仪器应用软件不再有数据长度等方面的限制。

在过去的几十年间，电化学分析仪器与计算机之间的连接方式也发生了显著的变化。在 20 世纪 80 年代和 90 年代初，仪器与微型计算机的连接方式有COM、LPT、ISA、GPIB 等。其中 COM 和 LPT 接口传输速率较低但简单易用，尤其是 COM 口，直到目前仍有仪器在使用；ISA 总线和 GPIB 接口相对COM 与 LPT 来说传输速率有显著提升，并且带有额外的控制功能，但需要在计算机内部加装接口卡，结构复杂且成本较高，在电化学分析仪器中应用较少，这两种接口目前已经基本被淘汰。进入 90 年代中后期，以太网和 USB 接口逐渐成为微型计算机的标准配置，这两种接口在传输速度、传输距离、稳定性和易用性等方面都得到了显著提升，因此在需要高速数据传输或者多通道传输的电化学分析仪器中较为广泛采用，这两种接口，尤其是 USB，在近十年已经逐渐取代了 COM 口，成为了主流。

进入新世纪以来，尤其是近几年，随着嵌入式电子技术的发展和分布式检测需求的增加，电化学分析仪器在向着微型化、网络化的方向发展，无线通信方式（包括无线局域网、移动通信网络等）迅速发展，并在某些场合取得了应用。另外，部分便携式的电化学分析仪器，内部采用了嵌入式操作系统，本身即带有用户界面，无须与计算机连接即可实现参数设定、数据存储等功能。

电化学方法不仅可以通过对多种电信号如电势、电流、电容的测量实现分析测量，还可以作为调制手段，促使化学反应的发生，因此，将电化学方法与其他的分析测试方法如石英晶体微天平[7]、化学发光[9]、紫外可见光谱[10]、表面等离子体共振光谱[11]、扫描探针技术[14-17]等结合联用，可以从多个维度上探索界面上的相互作用、反应过程、质量变化、结构特征等（图 1.13）。

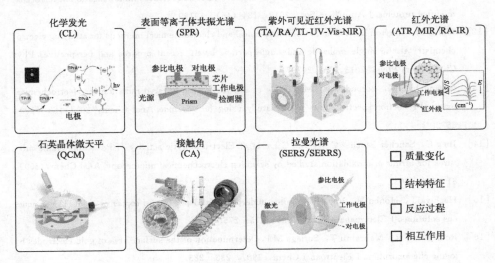

图 1.13　电化学联用技术[7-17]

参考文献

[1] Hickling A. Studies in electrode polarisation. Part Ⅳ-the automatic control of the potential of a working electrode. Trans Faraday Soc，1942，38：27.

[2] Schwarz W M, Shain I. Generalized circuits for electroanalytical instrumentation. Anal Chem, 1963,

35 (12)：1770.

[3]　Lauer G，Abel R，Anson F C. Electrochemical data acquisition and analysis system based on a digital computer. Anal Chem，1967，39 (7)：765.

[4]　Napp D T，Johnson D C，Bruckenstein S. Simultaneous and independent potentiostatic control of two indicator electrodes. Anal Chem，1967，39 (4)：481.

[5]　Whitson P E，VandenBorn H W，Evans D H. Acquisition and analysis of cyclic voltammetric data. Anal Chem，1973，45 (8)：1298.

[6]　He P，Faulkner L R. Intelligent，automatic compensation of solution resistance. Anal Chem，1986，58 (3)：517.

[7]　Nomura T，Iijima M. Electrolytic determination of nanomolar concentrations of silver in solution with a piezoelectric quartz crystal. Anal Chim Acta，1981，131：97.

[8]　Rosendahl S M，Burgess I J. Electrochemical and infrared spectroscopy studies of 4-mercaptobenzoic acid SAMs on gold surfaces. Electrochim Acta，2008，53：6759.

[9]　Zhuo Y，Liao N，Chai Y Q，et al. Ultrasensitive apurinic/apyrimidinic endonuclease 1 immunosensing based on self-enhanced electrochemiluninescence of a Ru(Ⅱ) comples. Anal Chem，2014，86 (2)：1053.

[10]　Eberhart M S，Norton J R，Zuzek A，et al. Electron transfer from hexameric copper hybrides. J Am Chem Soc，2013，135 (46)：17262.

[11]　Yang L，Gomez-Casado A，Young J F，et al. Reversible and oriented immobilization of ferrocene-modified proteins. J Am Chem Soc，2012，134 (46)：19199.

[12]　Hill C M，Clayton D A，Pan S. Combined opical and electrochemical methods for studying electrochemistry at the single molecule and single particle level：recent progree and perspectives. Phys Chem Chem Phys，2013，15：20797.

[13]　Rosendahl S M，Borondics F，May T E，et al. Synchrotron infrared radiation for electrochemical external reflection spectroscopy：a case study using ferrocyanide. Anal Chem，2011，83 (10)：3632.

[14]　Jung C，Sanchez-Sanchez C M，Lin C L，et al. Electrocatalytic activity of Pd-Co bimetallic mixtures for formic acid oxidation studied by scanning electrochemical microscopy. Anal Chem，2009，81 (16)：003.

[15]　Hachiya T，Honbo H，Itaya K. Detailed underpotential deposition of copper on gold(111) in aqueous solutions. J Electroanal Chem，1991，315：275.

[16]　Rodriguez J R，Mebrahtu T，Soriaga M P. Determination of the surface area of gold electrodes by iodine chemisorption. J Electroanal Chem，1987，233：283.

[17]　Yamada T，Batina N，Itaya K. Structure of electrochemically deposited iodine adlayer on Au (111) studied by ultrahigh-vacuum instrumentation and in situ STM. J Phys Chem，1995，99 (21)：8817.

2 电化学分析测量步骤及方法

电化学反应界面常见的有固液界面、液液界面、气液界面等，甚至还有两相以上的多相体系，这些都是我们日常生产生活实践中所广泛接触的电化学反应体系，如电解电镀的固液体系、电化学腐蚀的气固液体系、电有机合成的液液体系等。对于这些不同应用领域中电极界面体系上独特的反应过程特性的了解，如电极界面结构、电极界面电荷分布、电极界面上电势分布及热力学动力学规律等，对解决人们所关注的能源、材料、环保等领域重大问题是至关重要的，而这也正是我们电化学分析测量所要完成的任务。

2.1 电化学测量实验步骤

开展一个电化学分析测量实验需要三个主要步骤：首先就是电化学实验条件的确定，其次是电化学实验结果的获取，最后是电化学实验结果的解析。

电化学实验条件的确定首先要明确电化学测量的实验目的，从而设计合适的电化学系统，包括电解池结构、电极材质及几何形状等，同时也要根据电化学测量的实验目的选择合适的电化学测量技术方法及关键参数设置，如暂态及稳态技术、电势及波形、动态范围及速率、测量量程范围等。

电化学测量实验结果依赖于可获取的测量信号，包括电极电势、电流、电量、电导、阻抗、频率及其他的一些与电化学联用的复合信号（如电化学发光、电化学成像等），这些物理量均可以从现代电化学测量系统中十分方便地从系统界面中直观地获得。

电化学测量实验结果的解析依赖于所选择的电化学测量技术方法，每种技术方法都有其特定的数据处理方法，需要通过适当的解析才能从中获取有价值的信息。此外，电化学测量系统还集成了许多现代数值分析技术，如平滑降噪、数值拟合等分析方法，极大地增强了分析处理复杂电化学反应过程的能力，使得电化学测量信息解析也更加方便快捷。

2.2 典型电化学测量实验方法

电化学测量按电极反应进行过程可以分为：①稳态测量方法（steady state measurement）——电极过程处于稳态时进行的测量；②暂态测量方法（transient measurement）——电极过程处于暂态时进行的测量。从电极过程控制条件上大体上可以分为：①恒电势方法（potentiometric technique）——控制被测电极电势来测定响应不同电势下的电流密度；②恒电流方法（galvanometric technique）——保持体系电流稳定不变；③阻抗技术方法（impedance technique）——测量电化学网络中电流和电压之间关系（阻抗大小及相位可以用来描述电化学通路中电流和电压之间的相对值及其在频域上的相对关系）。

(1) 稳态及稳态电化学过程特征

稳态通常是指在一定时间尺度内，电化学反应发生系统的基本测量参量，如电极电势、电流密度、电极界面物质浓度分布、电极界面状态等，基本保持不变或者变化非常微小。稳态不等于平衡态，平衡态仅仅是稳态的一个特例。稳态测量方法就是在这种条件下开展的电化学测量方法。

稳态和暂态是相对而言的，从暂态到稳态的过渡是逐步的，其中重要的差别就是系统参量变化是否显著，但这个标准也是相对的。

由于稳态系统过程电极电势、电流密度、界面状态及界面区物种浓度分布等参数基本保持不变，也就意味着界面双电层的荷电状态不变，从而导致用于改变界面荷电状态的双电层充电电流为零；也意味着电极界面的修饰及吸附等状态相对稳定，从而导致吸脱附所引起的双电层充电电流为零；稳态电流全部用于电化学反应，所获得的极化电流密度直接与电化学反应速率相关[1]；电极界面区组成及反应过程相对稳定，相当于扩散层厚度相对保持恒定，扩散层内反应物及产物物种的浓度只是空间位置的函数，而与时间无关。

(2) 暂态及暂态电化学过程特征

暂态过程是指当电极极化条件改变时，电化学测量体系从一个稳态向另一个稳态转变时所经历的不稳定的、电化学系统参量显著变化的阶段。

暂态过程在变化中会带来暂态电流，也就是双电层充电电流；此外，暂态过程中的扩散传质过程中，电极界面附近处扩散层内反应物及产物浓度，不仅随着空间位置变化，同时也会随着时间变化。

暂态过程按照驱动控制方式可以分为控制电流法和控制电势法；按照波形差异可以分为线性扫描法、方波法、阶跃法及交流阻抗法等。

暂态法不仅可以获得电极界面反应常规物理参量，如 R_{ct}、双层电容 C_d、溶液电阻 R_u，并据此可以计算出相应的电极界面动力学参数；也可以用于研究快速的电化学反应过程及电极反应中间产物、复杂电化学过程，如电化学催化、电化学沉积、电极电解及阳极溶出过程等；还可以用于研究电极表面的吸脱附过程及电极界面结构。

2.3　常见电化学分析测量方法

电化学体系涉及复杂的多相界面以及热力学、动力学过程，通过电化学的方式进行测量分析，其本质是通过对测试条件的控制和体系响应的测量及分析，获取体系的某些信息。

经过长期的研究和积累，人们已经总结出一套应用于电化学分析测量的规则、手段和技术，形成了一系列电化学分析方法。对这些方法的分类，可以从多个不同的角度进行。从时间顺序的角度来看，早期的电解-重量法、电滴定法已经不再常用，极谱法也基本被 20 世纪中期出现的各种伏安法所取代，线性电势扫描、各种阶跃/脉冲方法和电化学阻抗谱等方法已经成为标准测试手段；从电极过程的角度看，电化学分析方法可以分为稳态方法和暂态方法，即在电极过程处于稳态时进行测量的方法和在电极过程处于暂态时进行测量的方法；从控制参数的角度看，电化学分析方法又可以分为控制电流方法、控制电势方法以及控制电量方法等；从测量参数的角度看，则可以分为电流测量方法、电势测量方法、电导测量方法、电量测量方法以及电容测量方法等；从被控参数随时间变化的规律看，电化学分析方法又可分为恒电流/恒电势法、电流/电势阶跃法、线性扫描法、脉冲法、交流/阻抗分析法等[2-4]。

从电化学分析仪器系统设计的角度考虑，各种电化学分析方法之间的异同主要体现在被控参数及其随时间变化的规律上和待测参数信息的采集两个方面。控制电势方法和控制电流方法所需要的电路结构具有很大的差异，在早期需要完全不同的两种分析仪器；控制电势扫描方法和控制电势阶跃方法，虽同属控制电势技术方法，但其所需要的控制波形具有完全不同的特征，在计算机控制数字-模拟转换器（DAC）大规模应用之前，需要用不同的硬件电路产生相应的控制波形；交流伏安法与控制电势电化学阻抗法同属控制电势分析方法，其控制波形也非常相似，但被测参数的关注点不同，对测得数据的计算方法也完全不同。

现代的电化学分析仪器系统，通常具有能够工作在恒电势仪和恒电流仪两种状态的模拟电路部分，由计算机控制继电器或者模拟开关的通断，将电路切换成恒电势模式或恒电流模式；由数字-模拟转换器和直接频率合成器以及附属器件构成的波形发生电路，能够胜任各种复杂的控制波形的产生[5,6]。这种综合的、功能丰富的硬件系统，使得设计者可以在一套硬件体系下，实现绝大多数的电化学分析方法。各种方法之间的差异，更多地体现在电路模式的切换、控制波形的选择以及被测参数的选择上。

2.3.1　控制电势扫描技术方法

控制电势扫描方法，包括线性扫描伏安法、循环伏安法、Tafel 曲线等，属于恒电势法。在这一类方法中，仪器系统控制电极电势随时间以恒定的速率变化（即线性扫描），同时记录流过工作电极的电流，测试的结果通常以电流对电势的曲线（i-E）或者电流对时间（i-t）的曲线来表示[7]。

线性扫描伏安法（linear sweep voltammetry，LSV）电极电势随时间的变化波形如图 2.1 所示：仪器系统控制电极电势由初始电势（initial potential）开始，以恒定的变化速率——通常称之为扫描速率或扫描速度（scan rate）变化，直到电极电势到达终止电势（final potential）为止。

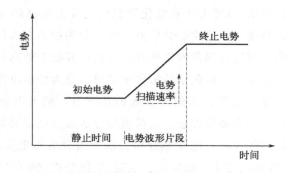

图 2.1　线性扫描伏安法电势波形图

循环伏安法（cyclic voltammetry，CV）电极电势随时间变化的波形类似于三角波[6,8]，如图 2.2 所示。仪器系统控制电极电势由初始电势开始，以设定的扫描速率变化直至到达第一个转折电势（first vertex potential）时，改变电势扫描方向，继续电势扫描直到第二个转折电势（second vertex potential），再次改变电势扫描方向，如此循环进行，直至完成设定的扫描段数（segments）。循环伏安法中，电极电势在两个转折电势之间往复变化，依实验需求不同，可以有一次或多次。这个次数可以用循环的"圈数（number of cycles）"或扫描的"段数（segments）"来表示，也可以用电势转折的"次数"表示。初始电势和终止电势可以是两个转折电势之一，也可以是不同于转折电势的值；初始电势和终止电势的值可以相同，也可以不同。两个转折电势的大小通常没有限制，大多数仪器系统只要求它们不要太靠近即可，例如它们的差要大于 1mV；在某些仪器系统中，初始电势并不是电极电势扫描的起点，而是在静止时间（或者叫作初始电势持续时间）内保持的一个稳定电势，而电势扫描的起点为另一个参数所指定。这种设置方式可以起到与在实验开始前进行预处理操作类似的效果。

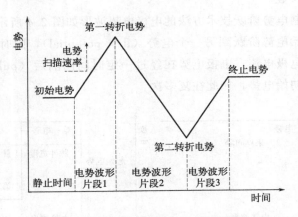

图 2.2　循环伏安法电势波形图

从电极电势波形上看，与循环伏安法比较类似的还有塔菲尔曲线[1]和阶梯波伏安法。如图 2.3 所示，塔菲尔曲线的电极电势波形由初始电势扫描至终止电势，并在终止电势处保持一段时间（hold time），然后向反方向扫描，回到初始电势。同循环伏安法一样，这个电势扫描过程可以进行多次。与线性扫描伏安法和循环伏安法不同的是，在塔菲尔曲线方法中，实验者更关注的是电极电流的对数与电极电势之间的关系，因此，现代的电化学分析仪器通常会直接显示和存储电极电流的对数值。

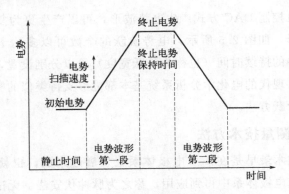

图 2.3　塔菲尔曲线测量波形

2.3.2 控制电势阶跃技术方法

控制电势阶跃技术方法，是恒电势法的一类。这一类方法中，仪器系统控制电极电势按照一定的阶跃波形规律变化，同时测量电极电流（计时安培法或计时电流法）或者电量（计时库仑法）随时间的变化，进而分析电极过程的机理和计算有关参数[6,9,10]。

典型的控制电势阶跃技术方法的电极电势波形如图 2.4 所示，在 t_0 时刻，电极电势由初始电势阶跃到另一个电势（first potential），同时以较小的时间间隔测定体系电极电流。电极电势在经过一定时间间隔后（pulse width），可以再次阶跃回初始电势，如此往复多次。

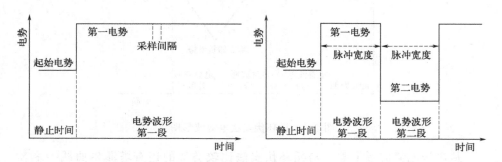

图 2.4　控制电势阶跃技术方法的电极电势波形

把电极电流对时间做积分，就可以得到电量值，因此，在大部分电化学分析仪器系统中，计时电流法和计时库仑法是同一种方法，只要采集了电流信号，随时可以计算出电量来。另一种实现方式是在硬件电路中采用积分电路来测量电量值，在这种方式中，积分电容的选择较为重要，要同时兼顾精度与测量范围。

采用计算机控制 DAC 方式产生电势波形，可以产生更为复杂和灵活的电极电势阶跃波形。如图 2.5 所示，电势阶跃的个数可以多达十几个甚至几十个，每一个电势的持续时间（也称为阶跃宽度）可以分别设置，整个阶跃波形可以多次重复。现代的电化学分析系统基本都能够支持类似的实验方法，通常称之为多电势阶跃方法。

2.3.3 脉冲测量技术方法

脉冲测量技术最早是在滴汞电极体系上发展起来的，也就是传统的极谱法；随后在固态电极体系中得到应用，称之为脉冲伏安法。无论是采用滴汞电极还是固态电极，脉冲测量技术的电势波形是相同的。

从电极电势随时间变化的波形角度看，脉冲测量技术方法可以看作是电极

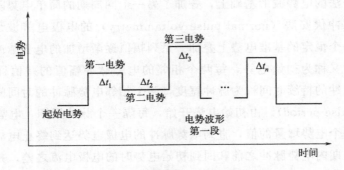

图 2.5　灵活可控的复杂电极电势阶跃波形

电势连续线性变化的线性扫描方法与电极电势阶跃变化的电势阶跃法的组合，在这一类方法中，电极电势的波形由线性分量和阶跃分量叠加构成。

阶梯波伏安法是古老而又典型的脉冲测量技术，其电极电势随时间变化的波形如图 2.6 所示。整个电势波形由一系列的电势阶跃组成，每个电势阶跃的高度称为电势增量（increment potential）或阶跃高度（ΔE），电势恒定的时间称为阶跃周期（step period）或阶跃步长（Δt）。电势阶跃波形的起点和终点分别由初始电势和终止电势表示，并且，在电极电势到达终止电势后，阶跃高度可以变为负值，从而可以改变阶跃方向，再回到初始电势。与循环伏安法类似，这个阶跃扫描的过程可以重复进行多次，即多个"循环"或"段数"。在电势阶跃扫描的过程中，记录电极电流并对阶梯电势作图，即可得到阶梯波伏安曲线。

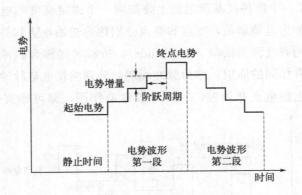

图 2.6　阶梯波伏安法电势波形

常规脉冲伏安法、差分脉冲伏安法和方波伏安法是目前较为常用的脉冲技术方法。其中常规脉冲伏安法和差分脉冲伏安法都有对应的应用于滴汞电极极谱法，方波伏安法则没有。这三种脉冲技术方法的电极电势波形可以看作是在阶梯波伏安法的电势波形基础上，叠加了另一个同周期的简单电势阶跃构成。

常规脉冲伏安法（normal pulse voltammetry）的电极电势波形如图 2.7 所示，在一个恒定的基准电势上叠加一系列幅值逐渐增加的电势脉冲，其中基准电势通常又称为初始电势，每两个相邻的电势脉冲幅值的差值称为电势增量，电势脉冲的持续时间称为脉冲宽度，两个相邻电势脉冲的时间间隔称为脉冲周期（pulse period）。由初始电势开始，每隔一个脉冲周期，电势脉冲的幅值都变化一个电势增量的值，直到电势脉冲的电极电势达到终止电势为止。记录在每个周期内电势脉冲之前和回到初始电势时的电极电流之差，并对脉冲电势作图，即可得到常规脉冲伏安曲线。

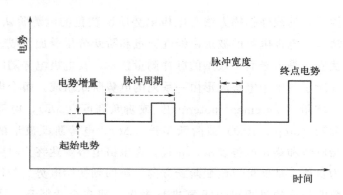

图 2.7　常规脉冲伏安法电势波形图

差分脉冲伏安法（differential pulse voltammetry）的电极电势波形如图 2.8 所示，是在一个阶梯波基准电势上叠加同一个固定高度的电势脉冲。阶梯波的阶梯高度称为电势增量，起点和终点分别称为初始电势和终止电势；所叠加的电势脉冲的高度称为振幅（amplitude），持续时间称为脉冲宽度；阶梯波和电势脉冲具有相同的周期，称为脉冲周期。分别测量电势脉冲结束之前和电势阶跃之前的电极电流并做差，对阶梯波电势作图，即可得到差分脉冲伏安

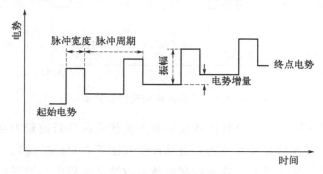

图 2.8　差分脉冲伏安法电势波形图

曲线。

　　方波伏安法（square wave voltammetry）的电极电势波形如图 2.9 所示，可以看作是一个阶梯波基础电势上叠加一个双向的方波电势脉冲波形。阶梯波基准电势的阶梯高度称为电势增量，起点和终点分别称为初始电势和终止电势；所叠加电势的单脉冲高度称为振幅，由于电势脉冲为双向脉冲，因此实际的电势脉冲为振幅的 2 倍；阶梯波和电势脉冲具有相同的周期，在实验参数设置时通常设定其频率（frequency）。在每个脉冲周期中，正向脉冲和反向脉冲结束前分别测量电极电流并做差，对阶梯波基础电势作图，得到方波伏安曲线；也有仪器系统将正向脉冲电流、反向脉冲电流以及电流差值都记录下来。

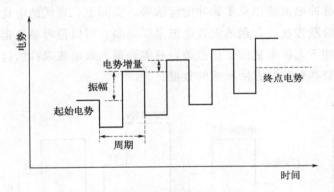

图 2.9　方波伏安法电势波形图

　　在阶梯波伏安法、常规脉冲伏安法、差分脉冲伏安法和方波伏安法的基础上，又衍生出了多种脉冲测试方法，如差分常规脉冲伏安法、双差分电流法、三差分电流法等。这些衍生方法的电极电势波形通常可以视为前面几种基本脉冲方法的组合，如图 2.10 所示的差分常规脉冲伏安法，其电极电势波形为常规脉冲伏安法和差分脉冲伏安法的叠加，即在常规脉冲伏安法的每个电势脉冲上，再叠加一个固定高度的电势脉冲，这样在每个脉冲周期中，电极电势都会

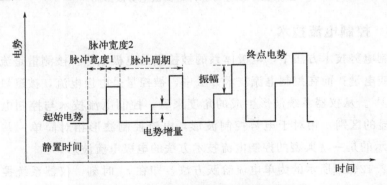

图 2.10　差分常规脉冲伏安法电势波形图

先回到初始电势，然后阶跃到一个逐渐递增的脉冲电势，再阶跃一个固定的脉冲高度。仪器系统记录每个脉冲电势的电流，并记录为第一个脉冲电势的函数。

图 2.11 所示的双差分电流法电极电势波形则更为复杂一些，在双差分电流法中，一个脉冲周期共包含两组电势脉冲，每组电势脉冲由一个不进行电流测量的清洗电势（图中 E1 和 E4）和两个进行电流测量的脉冲电势（图中 E2、E3 和 E5、E6）构成，这六个电势脉冲按周期循环进行，脉冲周期则由六个脉冲时间累加得到。在每个脉冲周期内，仪器系统测量 E2、E3 和 E5、E6 的电极电流，并记录为时间的函数，相邻两个电极电流之差也可以同步显示。类似的，还有三脉冲电流法以及多脉冲电流法等，实际上，现代的电化学分析仪器采用多电势阶跃方法，合理地设置电流采样间隔，可以很容易地得到在多个连续的电势脉冲下电极电流的变化趋势，只需合理选取电流采样的时间点，就可以灵活地得到各种脉冲方法所需的数据。

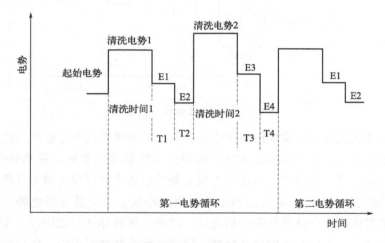

图 2.11　双差分脉冲电流法电势波形图

2.3.4　控制电流技术

控制电势技术方法中，电极体系的被控量是电极电势，被测量是流过电极的电流或电量；而在控制电流技术方法中，被控量是电极电流，被测量的是电极电势[11]。从仪器系统波形生成的角度来看，控制电流技术与控制电势技术并无明显的区别，相对于电势控制波形，电流控制波形相对简单一些。如图 2.12 所示的是一些典型的控制电流技术方法的电极电流波形。

图 2.12(a) 所示的为单电流阶跃方法，即在 t_0 时刻，仪器系统控制电极电流由零阶跃至某一设定电流值，然后保持恒定，测量并记录电极电势随时间

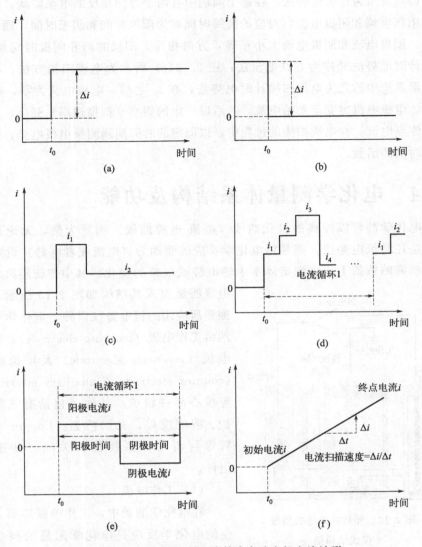

图 2.12 典型的控制电流技术方法电极电流波形

的变化曲线；图 2.12(b) 所示为断电流方法，在 t_0 时刻之前，仪器系统控制电极电流为设定电流值，在 t_0 时刻电极电流切断为零，记录电极电势的变化趋势；图 2.12(c) 所示为双脉冲电流法，在 t_0 时刻之前，电极电流为零，在 t_0 时刻，电极电流阶跃至一个较大的电流 i_1，持续一个较短的时间 t_1 后（通常在微秒级），电极电流再次阶跃至一个较小的电流 i_2，直至实验结束；图 2.12(d) 所示为多电流阶跃法，可连续进行多个电流阶跃，每个阶跃电流值和持续时间都可以单独设置，并且这个多电流阶跃过程可以循环进行多次；图

2.12(e) 所示为计时电势法，在每个周期中有两个方向相反的电流阶跃，分别称为阳极电流和阴极电流，对应的持续时间称为阳极时间和阴极时间，通常情况下，阳极电流和阴极电流大小相等，方向相反，阳极时间和阴极时间相同，此时计时电势法又称为方波电流法；图 2.12(f) 所示为电流扫描方法，在某些仪器系统中称之为电流扫描计时电势法，在 t_0 之前，电极电流为零，在 t_0 时刻，电极电流突变至初始电流，然后以一定的斜率（扫描速率）变化，直至到达终点电流，在电流扫描的过程中，以固定的时间间隔测量电极电势，并记录为时间的函数。

2.4 电化学测量体系结构及功能

电化学测量以经典的极化曲线（电流-电势曲线）测量为例，无论是恒电流法还是恒电势法，都是将电化学反应的驱动力（电流或者电势）设定在某一所需的数值上，来测定体系中的电势或电流的变化。其中传统经典的三电极测量模式其结构如图 2.13 所示。除测量所应用的恒电势仪以外，电化学电解池由工作电极（working electrode）、参比电极（reference electrode）及辅助电极（counter electrode 或 auxiliary electrode）等核心部件组成，其他还包括有气氛保护、溶液搅拌、夹层控温、Luggin 毛细管等与研究体系特性相关的一些选配组件。

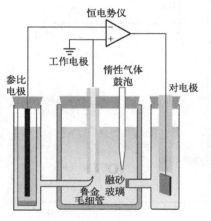

图 2.13　经典的三电极测量
模式结构图

（1）工作电极

在电化学测量中，工作电极界面上发生的电化学反应是电化学测量的核心目的，也是我们所最关心的。工作电极在电化学测量体系中的功能主要有两种，一种是工作电极本身就是电化学反应的主体，也是研究的主要对象，如电池中的锌负极材料等；另外一种就是工作电极仅仅提供电化学反应发生的场所，其电极本身相对是惰性的（在测定电势区间内能稳定工作的电极，如图 2.14 所示），本身不参加电化学反应，如溶液中溶解电化学活性物质的电化学反应等。

通常电化学实验所使用的惰性电极种类较多，如石墨、碳纤维、玻璃化碳、金、铂等，这些所谓的惰性电极通常需要满足一些典型的性质，如：电极

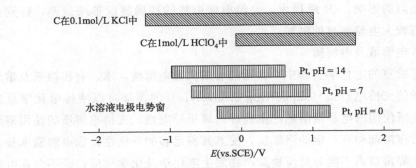

图 2.14　常用的碳及金属铂电极在水溶液中的电势窗对比

自身的反应不会影响所研究电化学体系的反应，并且无干扰的电势区间要尽可能大到足够满足研究需求；电极基质不容易溶解及发生氧化还原反应；电极基质不能与所使用的溶剂及其内的支持电解质发生反应；电极材质要均一，并且表面净化简单容易等。

（2）辅助电极

辅助电极与工作电极组成一个完整的串联回路，以保持体系电流畅通。为保障工作电极上的反向电流能容易地流经辅助电极，通常要求辅助电极本身导电性好，电阻小，并且不容易发生极化。当辅助电极与工作电极为简便起见同处在一个电解池中时，辅助电极上生成的反应产物将会严重影响工作电极的反应，此时辅助电极要选择本体材料不能参与反应的材质，因此通常选用铂或者碳作为辅助电极。为使反应所施加的电极电势极化集中作用于工作电极上，通常辅助电极的电极面积相对工作面积要比较大，通常建议 2～3 个量级以上。

（3）参比电极

所谓参比电极就是一个电势基准，它使得我们可以精确地知晓并控制设定的电势值。一个理想的参比电极应该具备这些性质：①电极反应可逆；②电极电势随时间漂移小；③温度漂移小并且电势随温度变化没有滞后；④较大内阻使其流过的电化学反应电流较小；⑤参比中的固相组分不能溶于电解液。

一些常见的参比电极有：$H^+/H_2(Pt)$、Ag^+/Ag、$AgCl/Ag$、Hg_2Cl_2/Hg 等。

当参比电极池与工作电极电解池相连通时，二者之间必然会发生电解液的交换，不仅会导致参比电极侧的电解液参与工作电极上的电化学反应，同时这样的离子交换行为也会使参比电极内充液发生浓度变化，从而使得参比电极电势发生改变，因此在电解池设计中通常采用盐桥结构来避免这种电解质溶液交换的发生。

参比电极要尽量放置在靠近工作电极的地方，如果参比电极位置较远，由于溶液电阻的影响，iR 降增大，会给电极电势的准确测量带来误差，特别是当其间有较大电流流过的时候。

（4）电解液及电解质

在实验室的电化学实验中，常用的有三大类电解液，水、有机溶剂及熔融盐。适量的支持电解质（supporting electrolyte）的添加可以使得电化学反应驱动发生所使用的电解液溶剂产生较好的离子导电性。支持电解质的使用需要满足：①在溶剂中有一定的溶解度，使其具备足够的导电性；②电解质本身在测定的电势窗口内不能与反应物及产物发生电化学及化学反应；③不会在电极表面产生额外的物理及化学吸附；④不能与溶剂发生化学反应。

水是理想的溶剂，可以溶解大多数化合物，大多数的电化学反应也均是在水溶液中进行的，纯水的导电性极弱，难以直接发生电化学反应，只有溶解了其他支持电解质才会出现明显的离子导电性。

（5）电解池

电解池的结构、尺寸、形状及所用材质等，均与拟开展的电化学实验研究相关。首先根据电化学反应的物料特性，明确电解池的大小容量，从微量样品的生物环境电化学分析，到大尺度大容量的电解、电镀、电有机合成等。其次要明确工作电极、参比电极及辅助电极是否处在同一电解质溶液体系中，还是需要隔膜及盐桥等连接起来；溶液反应中是否需要搅拌及搅拌的模式（电磁还是机械）；溶液反应体系是否需要与室温不同的恒定温度，来决定温控（加热及制冷）模式；是否需要特殊的气氛，如除氧等；是否需要外部的辅助光源及磁场等外部触发环境等。

（6）盐桥

盐桥的设置是为了减小液接电势、离子混合迁移等行为而在两种溶液之间连接的高浓度电解质溶液，通常由琼脂和保护的电解质溶液构成，如常用的 KCl、KNO_3 等。

当工作电极所处的电解池及辅助电极电解池二者之间处于不同的电解质溶液中时，在两种溶液之间插入盐桥，可以代替原来的两种溶液的直接接触，从而减免和稳定液接电势（当组成或活度不同的两种电解质接触时，在溶液接界处由于正负离子扩散通过界面的离子迁移速度不同造成正负电荷分离而形成双电层，这样产生的电势差称为液体接界扩散电势，简称液接电势），使液接电势减至最小以致接近消除。同时这样的盐桥使用也可以防止试液中的不当离子扩散到参比电极的内盐桥溶液中影响其电极电势。

（7）溶解氧的去除及气氛保护

当电化学反应所涉及的电解质溶液及电极修饰体系与外界环境接触时，环境中的气体将不可避免地溶解进入电解质溶液中，其溶解的量取决于当前的温度、压力及气体的种类等。氮气氩气等以其优异的电化学惰性，溶入电解质溶液后不会对电化学反应产生影响，空气中大量存在的氧气则具有较强的电化学反应活性，使其在电化学电势施加的同时电解还原成过氧化物或者水，这样的溶解氧存在，不仅影响研究过程中电化学反应的发生，同时也极大地限制了电化学电势窗口。

常见的去除溶解氧的方法有：采用高纯的干燥氮气或者氩气等（其中蕴含的极微量氧气可以预先通过活化铜柱去除）电化学惰性气体对水相及非挥发性有机相鼓泡的方法去除溶解氧，一旦去除溶解氧后，尽管需要停止鼓泡，但通常也应在电解液上方继续用流动气氛保护；对非水溶剂体系通常需要将电解池连接到真空系统中通过减压排气。

2.5 电化学分析实验准备

从上述电化学测量体系结构可以看出，在开始一个电化学实验前，面向实验目的需求，各个组成部分有着特定的结构及技术需求。

2.5.1 电极准备及封装处理

工作电极由于在电化学反应过程中采集及需要获得的一些量的信息，如电流及电量与界面电化学反应物质量之间的定量关系等，因此其电化学反应面积需要严格地控制，这样才能够精确明确反应的发生发展过程中的量信息。

常用的工作电极有铂、金、玻璃碳、石墨、碳糊等化学性质较为稳定、纯度也较为容易控制，特别是容易加工制造的电极材料；从电极尺度来说，从常规的工业制备大尺度到实验室常见电极尺度，再到微电极及超微电极等各种不同尺寸；从电极结构来说，有圆盘电极、环盘电极、片状电极、透光电极、筛网电极等。

通常封装电极（图 2.15）的材料不仅要求其在多种实验介质，如有机相、高盐溶液、酸碱溶液等体系下化学性质稳定，同时也要有优异的电绝缘特性，此外还要

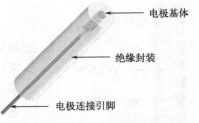

电极基体

绝缘封装

电极连接引脚

图 2.15 电极封装结构

其能与工作电极材质密切结合、密切匹配，从而实现电解质溶液在工作电极/封装材料界面无渗漏，当然一定的机械稳定性、温度稳定性也是保障工作电极工作稳定及电极界面可以机械更新清洗的必要条件。通常实验室使用的工作电极封装材料有聚四氟乙烯、玻璃、聚醚酮、环氧树脂、聚乙烯、热缩管等。以

图 2.15 所示盘电极为例，对于热固性树脂材料如环氧树脂、聚三氟乙烯等，通常采用磨具固化加工成型方式；而聚四氟乙烯，通常采用先加工，再通过过盈配合，利用树脂的韧性机械挤压密封的方法制造，当然这类技术方法多用于硬度高的电极材质，如玻璃碳；热塑性树脂如聚醚酮，通常采用磨具或者熔融挤出成型的方法制造；玻璃材质的封装差异较大，尽管一般都是熔融退火的方式封装，但由于金属材料热膨胀系数差异较大，通常铂金属比较容易用玻璃材质进行封装，金比较麻烦，只能使用软质玻璃或软质玻璃粉料封装，同时在机械抛光时也要严格注意过热导致的封装泄漏；热缩性材料封装较少使用，在封装时不仅要严格保证表面光滑平整洁净，同时材料选择也非常受限；碳糊电极封装多采用带电极引线的管状或者孔洞，通过研磨或者挤压填充的方式构造，当然一些可更新的措施如推拉、螺旋挤压等方式也常用于电极界面的更新。

碳电极的制作除常用的导电性高、稳定性强、国内价格较为昂贵的玻璃碳电极外，一些碳化的石墨材料由于具有多孔状结构，会导致电解液或者溶解氧的浸入，从而影响电化学分析测量，常需浸入石蜡油进行预处理，这样处理的电极基质由于含有石蜡的缘故，表面具有较强的疏水性，如果需要特殊的亲水性界面，可以利用含有表面活性剂的水溶液浸泡处理；碳糊电极则是通过在润滑油中添加石墨粉调成糊状，该电极基质较软，从而使得电极界面非常容易更新，但在非水介质中，有时会导致电极基质溶解。

一些特殊的如丝网电极、片状电极、ITO 电极等可以拆卸的电极组件，可以结合电解池结构及固定组件结合的方式封装使用。其他一些金属材料，如 Pd、Os、Ir、Ni、Fe、Pb、Zn、Cu 等也可以用作电极材料，按其使用目的及材质的物理化学特征来具体选用封装材料和技术方法。

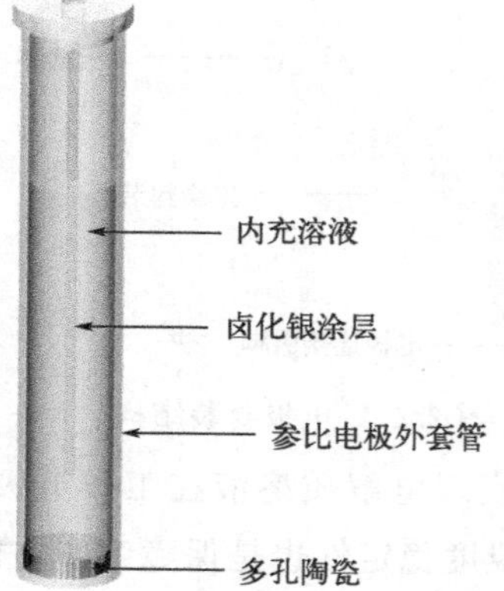

参比电极除一些商业化可得的常规类型以外，如饱和甘汞电极（SCE）等，在实验室中其封装制备通常都比较简单（SHE 氢电极有些复杂，这里仅仅介绍一些水体系常用的参比电极），以常见的银/卤化银电极为例（图 2.16），通过化学镀或者电化学镀的方式，在银表面形成致密的卤化银涂层，同时灌注卤化盐溶液（饱和或浓度已知的）即可，当然还要辅以细孔陶瓷或玻璃熔融封接铂丝等方式用于形成离子/电子交换通路。参比电极套管内充溶液由于电化学测量过程中离子交换的影响，要定期经常

图 2.16　卤化银参比
电极结构示意

电极连接引脚

内充溶液

卤化银涂层

参比电极外套管

多孔陶瓷

更换，以保证参比电极电势的稳定性。银表面卤化银镀层使用一段时间后也会有脱落，导致参比电极电势的漂移，也需要定期重新抛光制备镀层使用。

2.5.2 工作电极的前处理

工作电极表面一旦沾染了杂质，不仅仅是电化学活性的杂质，均可能产生意料之外的非目的性电流，使得测试结果偏离意向值或理论值，也就是常说的得不到理想的数据结果。此外，电极界面的清洁抛光处理也有利于降低电极界面的粗糙度，使得真实电极面积接近电极几何面积，尽管我们可以通过多种方法，比如电化学方法测定电极的真实面积，但对粗糙度因子较高的体系，这样的测量方法也依然会出现较大的误差。

以金电极为例，通常前处理可以按照以下步骤进行：

① 用砂纸从大号到小号、最后用金相砂纸将表面依次打磨，注意添加少量的水，以移除可能会导致电极封装泄漏的热量，并起到一定的润滑作用。

② 用从大到小不同粒径的氧化铝/水或氧化铝研磨液/膏依次抛光。

③ 用重铬酸、稀硝酸或 piranha 溶液（3∶1 浓硫酸/过氧化氢热混合物）浸泡处理（不能用王水！），以移去可能的有机污染物（注意电极封装材质是否耐受、温度是否会导致封装泄漏、可能的界面引入含氧基团及界面亲水性）；替代的也可以使用硫酸溶液，使用计时安培法，通过高电势氧化、低电势还原的循环往复方式处理，同时多次更换硫酸电解质溶液的方式处理，以移除溶解的氧化污染物产物，直到能出现稳定的理想金 CV 标准曲线（图 2.17）。

④ 超纯水冲洗清洁待用。

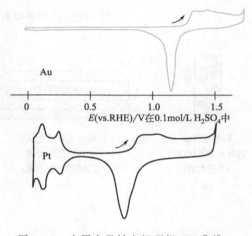

图 2.17 金属金及铂电极理想 CV 曲线

实际上，按照电极状态及使用过的研究体系，也没有必要全部重复以上清洗步骤，可以按照需求及电极表面状态自行选用。

铂电极的清洗处理与金电极比较类似，只是可以使用王水氧化处理表面有机污染物，同时可以通过在酸性溶液中氢离子的吸脱附反复 CV 过程进行表面清洁处理（理想铂 CV 标准曲线见图 2.17 下）。

2.5.3 电解池结构及准备

按照研究电化学反应电极及溶液体系的要求，电解池可以分为均一的单液体系电解池和工作电极/对电极反应溶液体系分离的双液体系电解池（图2.18）；根据参比电极结构，可以分为盐桥液接式和简单的直接插入式结构；根据是否除氧及气氛保护，可以分为敞开式结构及气氛密封式结构；根据电极结构可以分为盘电极插入式结构、片电极底孔夹持、筛网电极结构、光透电极结构、内/外反射式电化学原位光谱采集结构等。以电化学光谱技术联用为例，图2.19给出了一些不同电极材质及结合光路的典型结构设计。

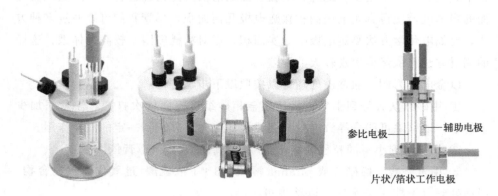

图 2.18　几种典型的电化学电解池结构

图 2.19　光谱电化学联用光路及电解池结构示意

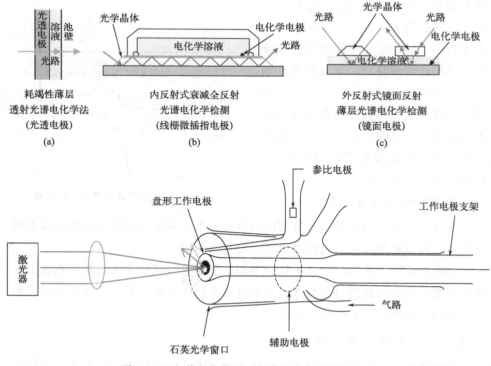

此外，当反应及环境温度变化较大时，由于电化学反应中各参数都与温度密切相关，如电势和温度的关系从能斯特方程中就可以看出来，自然参比电极电势也是温度敏感的，这对电化学反应体系的控制是非常有影响的，所以电化学反应池除放置在恒温系统中，如恒温槽等，电解池也可以采用夹层结构，同时辅以恒温流体来保持研究体系的温度稳定性。

2.5.4 其他附件条件准备

在电化学测量的同时，特别是微弱电信号的高灵敏测量中，往往会受到电噪声的干扰，甚至会完全掩盖测量目的信号，因此需要电磁屏蔽装置，将电解池置入其中，并将其与仪器等均良好接地，可以尽可能消除大部分电噪声的干扰。

可能溶解在测量溶液中的电化学反应活性气体，空气中主要是氧气（电化学惰性气体，如氮气，不会对电化学测量产生影响），其本身容易被电解还原，同时研究电势窗口也会相应地变小。通常在水溶液体系需要压缩气体在电解液中鼓泡的方式来去除溶解氧。

除了反应溶液的混合（如反应中的溶液滴加），为保证反应的均匀性，一些测量方法，如电流-电压曲线等，通常需要溶液的强制对流，也就是说需要恒定的搅拌，一般实验室多采用磁力搅拌，搅拌子多为玻璃或聚四氟乙烯包裹的小铁棒做成；有时溶液除气的气泡也能起到一定的搅拌作用。

当需要将电解池工作电极腔室与辅助电极腔室分开时，两侧独立电极腔室的电荷交换行为，通常需要采用隔膜（玻璃滤膜或离子交换膜）或盐桥的方式连接起来。盐桥的使用导致两个独立的电极腔室内引入不同的离子，如果这些离子对电化学测量有影响，则不能使用，另外盐桥也不适合长时间使用。离子交换膜，无论是阳离子还是阴离子交换膜，都可以十分方便地购买到，只需按照需求裁剪固定即可使用。

盐桥基质制作通常都是在水浴加热的水中加入电解质盐使其形成完全饱和的盐溶液，其后缓慢加入琼脂粉，形成黏度适当的凝胶溶液，随后将其灌注入H形或U形等形状的盐桥玻璃管中（注意避免气泡存在），待冷却到室温后，移除过剩的盐溶液即可。通常盐桥应该浸泡在同种电解质盐的饱和溶液中保存，以防止外来离子物质污染。

电解液的pH值是一个非常重要的影响测量结果及数据分析的支撑条件，除电化学反应所需的支持电解质、电化学电极反应物质之外，往往由于这些电化学电极反应路径、速率等参数与电解液的pH值密切相关，因此还必须控制电化学反应液体环境的pH稳定，按照研究体系需求添加必要的缓冲溶液

（buffered solution）是一个典型的解决办法，常用的有醋酸-醋酸钠体系（pH 3～6）、酒石酸-酒石酸钠体系（pH 1.4～4.5）、邻苯二甲酸氢钾-盐酸体系（pH 2～4）、磷酸二氢钾-磷酸氢钠体系（pH 5～8）、磷酸二氢钾-氢氧化钠体系（pH 5.8～8）、硼砂-盐酸体系（pH 7.6～9）、氯化铵-氨水体系（pH 8～11）、硼砂-氢氧化钠体系（pH 9～12）等多种不同的缓冲体系。

参考文献

[1] Stern M，Geary A L. Electrochemical polarization：Ⅰ. A theoretical analysis of the shape of polarization curves. J Elecctrochem Soc，1957，104（1）：56.

[2] Weppner W，Huggins R A. Electrochemical methods for determining kinetic properties of solids. Annual Reviews Inc，1978，8：269.

[3] Brett C M A，Brett A M O. Physical electrochemistry：principles，methods and applications［M］. Oxford：Oxford University Press，1994.

[4] Bard A J，Faulkner L R，Leddy J. Electrochemical methods：fundamentals and applications［M］. Hoboken：Wiley，1980.

[5] 牛利，包宇，刘振邦. 电化学分析仪器设计与应用［M］. 北京：化学工业出版社，2021.

[6] Schwarz W M，Shain I. Generalized circuits for electroanalytical instrumentation. Anal Chem，1963，35（12）：1770.

[7] Randles J E B. A cathode ray polarograph. Part Ⅱ：the current-voltage curves. Transactions of the Faraday Society，1948，44：327.

[8] Nicholson R S. Theory and application of cyclic voltammetry for measurement of electrode reaction kinetics. Anal Chem，1965，37（11）：1351.

[9] Hanselman R B，Rogers L B. Coulometric passage of reagents through ion exchange membranes. Anal Chem，1960，32（10）：1240.

[10] Lingane J J. Precision polarography by time-integration of the diffusion current. Anal Chim Acta，1969，44（2）：411.

[11] Testa A C，Reinmuth W H. Stepwise reactions in chronopotentiometry. Anal Chem，1961，33（10）：1320.

【补充实验】 银-卤化银参比电极的两种常用制作方法

参比电极是指在电化学实验中，作为与待测电极进行对比使用的电极。它具有固定的电势并可重复使用，以提供一个已知的电势基准点来执行电势测量。参比电极与待测电极之间的差异形成了电势差，从而可以计算出待测电极的电势值。参比电极需要具备一些特点，以确保其在电化学研究和分析中的有效性。

稳定性：参比电极的电势应该是稳定的，并且应该维持相同的电势值，无论其使用频率如何。

可复制性：参比电极的电势应该可以被精确地复制，从而可以提供可靠的电势基准点。

反应灵敏度：参比电极对于电解质溶液中存在的金属离子或其他待测物质应该有良好的响应灵敏度。

可重复使用：参比电极应该是可重复使用的，能够提供多次测量所需的精度和可靠性。

其中实验室一种常用的自制的应用较为广泛的参比电极就是银-卤化银参比电极，其具有致密的卤化银镀层结构、极高的内阻导致较小的通过电流、极大的溶度积等特点，因而具有高精确度、高稳定性和低噪声的特点，同时运行功耗也较低、响应速度也比较快。

卤化银镀层的厚度、孔隙率等因素严重影响着参比电极的测量精度和可靠性，因此如何制备性能优异的卤化银镀层就成为制备银-卤化银参比电极的关键。这里我们介绍常用的银/氯化银（Ag/AgCl）参比电极的两种制作方法。

第一种：氯化铁（$FeCl_3$）溶液氧化法

图 2.20 为银/氯化银参比电极溶液氧化法制作的工艺流程示意图。

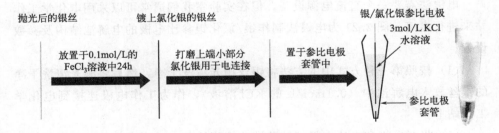

图 2.20　银/氯化银参比电极溶液氧化法制作的工艺流程示意图

其详细制作步骤如下：

（1）取一根长约 5～10cm 的银丝，先用约 2000 目的砂纸进行打磨抛光至纯净银白色，同时注意银丝引线端也需要打磨。

（2）打磨后，先用无水乙醇超声清洗干净表面黏附的有机物，超声清洗 3 次，每次约 5min，然后放入二次水中继续超声洗涤三次，每次 5min；注意银丝要全部浸入乙醇和二次水中。

（3）将洗净的银丝放入 0.1mol/L 的氯化铁（$FeCl_3$）溶液中静置放置 24h（注意洗净的银丝不要在空气中放置过长的时间，防止银丝被氧气氧化），使得银丝表面覆盖一层灰黑色的氯化银。

（4）反应 24h 后，取出镀好的银/氯化银电极，用二次水反复冲洗，冲掉表面黏附的氯化铁，注意不要用超声清洗，防止氯化银脱落。

（5）将洗净的银丝引线端小部分氯化银（约 1cm）用 2000 目的砂纸打磨去掉，露出部分金属银，以方便导电连接。

（6）配制 3mol/L KCl 溶液（或饱和 KCl 溶液），置于参比电极套管中，然后将制备好的带氯化银镀层的银丝放入参比电极套管中，注意露出前端打磨的用于电连接的银丝部分，并使其不要接触到参比套管中溶液。

（7）检验参比电极是否合格，配制 0.5mmol/L 铁氰化钾/0.1mol/L 硝酸钾溶液，采用三电极系统，用抛光好的玻碳电极作为工作电极，铂丝作为辅助电极，通过循环伏安测试（设置电压范围为 0.6～−0.2V），利用测量得到的一对铁氰化钾/亚铁氰化钾氧化还原峰，检验这对峰的电势平均值是否在 0.23～0.26V 之间即可判断参比电极制作是否成功。

（8）注意事项：需要时常检查参比电极上氯化银镀层是否出现脱落，如果脱落，需要按照上面方式重新制作参比电极；参比电极套管内的内充溶液在使用一段时间后要经常更换，以避免内充电解液由于电化学反应电荷交换导致污染，从而影响电极电势的准确性。

第二种方法：电镀法

电镀法需要一个直流电源设备，但在实验室我们通常可以采用电化学工作站来进行电镀。图 2.21 为电镀法制作银/氯化银参比电极的电解池结构及参数设置。

（1）按照第一种方式中的方法将银丝抛光清洗干净，然后将抛光清洗干净的银丝放入电解池中（0.1mol/L 的 KCl 溶液），作为工作电极连接到电化学工作站上。

（2）将对电极和参比电极短接共同连接到铂丝上，形成两电极电镀模式。

（3）选择电化学技术方法：计时电流技术，设置电势在 1.0V 左右，时间在 3000～5000s 之间。

图 2.21　电镀法制作银/氯化银参比电极的电解池结构及参数设置

（4）电镀完毕后，用二次水洗净，按照上面的方式，放入参比电极套管中，并按同样的方式检验参比电极是否制作合格（图 2.22）。

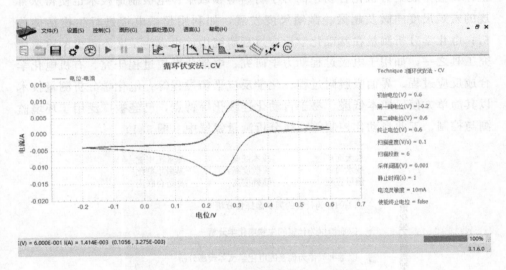

图 2.22　参比电极电化学探针 CV 验证

（5）注意事项：通常电镀电流密度小、电镀时间适当延长，可以获得较为致密的氯化银镀层，可以适当提高参比电极的使用寿命。

3

电化学分析实验基础

电化学分析测量不仅能够用于物质组成和含量的定量分析，也可以用于元素价态、形态的结构分析；电化学分析测量除用于传统的无机离子分析外，也正在日益拓展到有机化合物、高分子材料等领域中；电极制造技术也使得从常规的宏观尺度向微及超微、微纳尺度发展，如利用超微电极进行生物活体分析；电化学分析测量在基础化学反应过程研究中，也成为了必不可少的重要研究工具之一，如用于电极过程动力学研究、电催化反应过程研究、有机电化学合成反应过程、界面吸脱附过程、化学反应平衡过程等；电化学分析测量技术以其简单方便、成本低廉、易于自动化连续化等特点，已经被广泛用于环境监测与控制、工业自动化控制等在线分析测量领域中（图 3.1）。

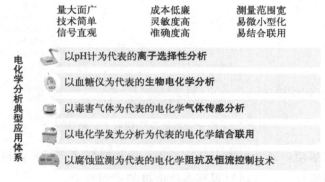

图 3.1　电化学分析典型应用体系

在电化学分析测量中总会涉及从电极到电解液、电解池，从界面过程到扩散反应控制过程、从稳态过程到暂态过程等各种技术问题及基础理论应用解释等，这些技术方法及理论贯穿了电化学分析整个测量过程的始终，这些基本的操作技能及理论解释方法成为了电化学分析测量中必不可少的基本要素，因此本章中尝试通过一些电化学实验设计，使得参与本实验的人员通过这些实验过程的尝试，能了解电化学分析测量实验的基本技术要求及具备简单的理论分析能力，而这些方面也是进一步开展电化学分析在各个体系中应用的关键。

【实验3.1】 铂电极前处理及电极活性面积的氢吸附测量

（一）实验目的

（1）学习铂电极抛光清洗等前处理技术。

（2）学习铂电极表面积及粗糙度测量技术方法。

（3）学习简单的电化学测量技术参数设置及运行。

（二）实验原理

电极抛光不仅是为了清除黏附的杂质，以去除研究体系测量信号的干扰，同时镜面级别的抛光也是为了使电极表面尽可能平整（图3.2），在降低粗糙度因子（实测的真实活性电极面积与电极几何面积的比值）的同时，电极表面与理想的几何结构接近，以避免高的表面粗糙度对界面物质迁移、界面修饰等产生额外的影响。当然对多晶电极来说，一定程度的表面粗糙度也是不可避免的，除非是单晶电极。

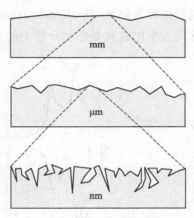

图3.2 粗糙的电极表面不同尺度放大示意

砂纸及纳米颗粒的抛光结合氧化性溶液的处理，可以有效去除电极表面物理及化学吸附的污染物，同时从粗到细砂纸，再到氧化铝研磨液，逐次打磨抛光，直至镜面，也会使得电极表面的粗糙度因子得到逐步降低。

研究化学物质在铂电极表面的吸附及电化学转化反应时，必须要精确地知道铂电极表面积，铂盘、铂线、铂片等常规电极，由于其相对平坦的表面，有时还能通过其几何尺寸进行估算，但像铂黑等具有多孔性的不平坦表面，则需要一些电化学测量方法来准确地评估其表面积。一种较为常见的评价铂电极表面积的方法就是通过铂电极在酸性介质中的氢原子吸附（图3.3），利用电化学测定的电量来计算电极面积，但通过电化学方法，积分的氢原子吸附峰电量，需要扣除双电层充电的部分，通常电量

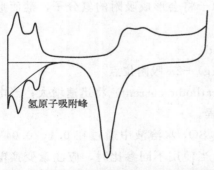

图3.3 铂电极酸性介质中的氢原子吸附

氢原子吸附峰

与电极面积的关系按照经验参数 $210\mu C/cm^2$ 来计算（文献报道从 $200\sim$ $230\mu C/cm^2$ 均有）。

铂电极活性面积上的氢吸附反应在酸性介质中通常都是在负电势区间发生，典型的多晶铂 CV 曲线通常分为三个区间（图 3.4），一个是正电势区间的氧区（oxygen region），在电势正向扫描直至氧析出（O_2 evolution）之前，先会形成铂的水和氧化物层，显现明显的阳极电流（anodic current）；在 CV 曲线的中间部分，无论阳极电流还是阴极电流信号均较弱，这一区间仅有非法拉第过程的电容充放电过程，称为双层区（double layer region）；在负电势区的特征即为氢区（hydrogen region），也是我们本实验所研究的主体部分，该区间发生的首先是酸性介质中的 H^+ 转换成吸附的原子态氢：

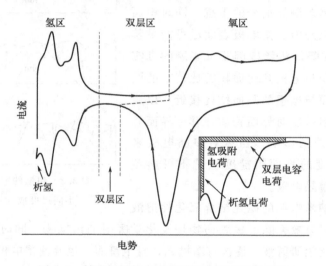

图 3.4　铂电极酸性介质中的氧化还原特性分区

$$H^+(aq)+e^-+吸附位点\longrightarrow H(ad)$$

随着电势不断负移，反应程度不断增加，直至形成完全覆盖活性面积上的 H(ad) 单层膜；一旦全部覆盖以后，氢原子将会形成吸附的氢分子，继而形成气泡脱离电极表面。

$$2H(ad)\longrightarrow H_2(ad)$$
$$nH_2(ad)\longrightarrow nH_2(g)+2n\ 吸附位点$$

此时，当电势继续负移，阴极电流（cathodic current）将迅速增大；当电势扫描方向逆转时，将发生相反脱附的过程。

该实验进行通常仅需要在 $1mol/L\ H_2SO_4$ 水溶液中通过在 $0.4\sim0.04V$ （vs. NHE）区间循环电势扫描即可完成。当使用不同参比时，应注意变换电势窗口设置［Ag｜AgCl（sat. KCl，25℃浓度约为 $4.8mol/L$）标准电极电势

0.199V（vs. NHE），SCE（sat. KCl）25℃标准电极电势 0.242V（vs. NHE）]。

（三）仪器与试剂

（1）仪器与电解池：具有循环伏安功能的电化学分析仪、铂盘电极、铂丝对电极、Ag|AgCl（sat. KCl）参比电极、带通气除氧功能的同室三口电解池。

（2）试剂：98%浓 H_2SO_4、浓硝酸（或者王水，或者重铬酸溶液）、蒸馏水、金相砂纸（1000 目、2000 目）、氧化铝抛光粉（0.5μm、0.3μm、0.1μm）、带绒抛光布。

（四）实验步骤

（1）以 98%浓硫酸配制 1mol/L H_2SO_4 水溶液，注意量取及配制顺序。

（2）利用金相砂纸和氧化铝抛光粉依次对铂盘电极进行抛光处理，注意添加少量水，不仅可以用于润滑，同时也可以避免电极过热，从而导致由于封装材料与电极基体热膨胀系数的差异产生的不可逆的电极密封问题，同时每次抛光后要注意超声清洗（避免时间过长电极过热）。

（3）硝酸（或者王水——3:1 的浓盐酸与浓硝酸混合物，不适合金电极表面处理实验）浸泡和擦洗表面处理，以移除表面有机污染物。

（4）设置并探索铂电极循环伏安测量实验条件［推荐开始设置电势区间：0.04～1.5V（vs. NHE），电势扫描速度：0.1V/s］，以获得理想的多晶铂标准 CV 曲线。

（5）探索不同正电势区间对氢区的影响［图 3.5(b)］。

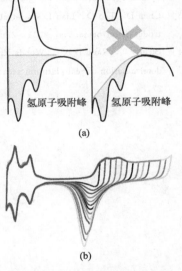

图 3.5　氢原子吸附峰面积计算及正电势扫描区间对氢区的影响

（五）实验数据及处理

（1）利用 Origin 等绘图数据处理软件，按照双电层充电曲线特征，手动设置基线，并执行差减操作，最后对差减后的氢原子吸附峰面积进行积分，得到氢原子吸附电量，以此为基础换算成铂电极电化学面积［图 3.5(a)］。

（2）计算得到铂电极粗糙度因子。

（六）结果与讨论

（1）如何对铂电极进行清洁？

（2）多晶铂电极标准 CV 曲线的基本特征。

（3）电极表面粗糙度的判据及表面粗糙度成因。

（4）从文献及实验结果，对铂盘电极来说电势扫描速度与计算结果是否有影响？

（5）从文献及实验结果，电势窗口设置与计算结果是否有影响？

（七）注意事项及要点

（1）实验不同参比电极时的循环伏安电势窗应适当设置。

（2）扣除氢原子吸附电势窗口内的充电电容效应扣除。

（3）电量与电极面积的关系为什么按照 $210\mu C/cm^2$ 来计算？

（八）参考文献

［1］ Barna G G, Frank S N, Teherani T H. A scan rate dependent determination of platinum area. J Electrochem Soc, 1982, 129（4）：746-749.

［2］ Rodríguez J M D, Melián J A H, Peña J P. Determination of the real surface area of Pt electrodes by hydrogen adsorption using cyclic voltammetry. J Chem Edu, 2000, 77（9）：1195-1197.

［3］ Chen D, Tao Q, Liao L W, et al. Determining the active surface area for various platinum electrodes. Electrocatalysis, 2011, 2：207-219.

［4］ Biegler T, Rand D A J, Woods R. Limiting oxygen coverage on platinized platinum；relevance to determination of real platinum area by hydrogen adsorption. J Electroanal Chem，1971, 29：269-277.

【附注】 Pt 表面构型及氢原子吸附

在【实验3.1】中，Pt 金属电极表面氢原子吸附为单层吸附，因此电极面积计算要利用测量的氢原子吸附电量除以理论上的单层氢吸附的电量。但这个理论上的单层氢吸附的电量是如何得到的呢？

从图3.6(a) 可以直观地看出铂金属表面单层界面组成结构，通常 Pt (111) 占据比例较高，其他 (100)、(110) 次之，当然还有一些其他的高米勒指数晶面，不过占据权重相对较小。

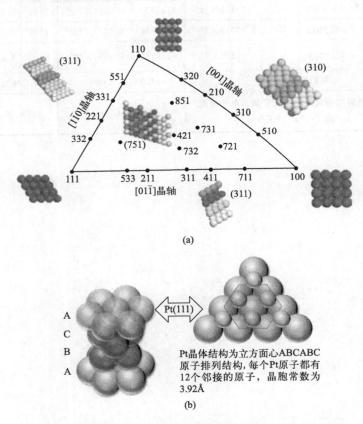

图3.6 铂金属表面组成结构（上）及面心立方原子堆积结构

假定表层的每一个 Pt 均吸附了一个 H，不同晶面的 Pt 晶格常数基本都在 0.391~0.392nm，有文章描述假定热力学最稳定的 (111) 晶面占50%权重，(100) 和 (110) 晶面各占25%的理想假定比例来推算，可以估算出计算 Pt 电极面积的经验性常数。其实这三个低 Miller 指数晶面权重基本相差并不大，因此有些时候也有人用相同的权重（即各占约33.3%）来进行数学处理。

以面心立方110面为例，其上有4个原子，因为面心立方中每个面心原子被两个晶胞平分，每个晶胞占 1/2，顶点原子被八个晶胞平分，每个晶胞占 1/8，由于正方体有六个面心，八个顶点，所以原子数为 $6\times1/2+8\times1/8=4$。具体分析见表 3.1。

表 3.1　铂立方面心晶面及原子密度、对称性、单位面积暴露原子数、总原子数理论分析

立方面心晶面	原子数面密度 $/nm^2$	对称轴	$1cm^2$ 表面原子数	晶面暴露比例	单位面积暴露原子数	晶面暴露比例	单位面积暴露原子数
100	$2/a^2=13.0154$	C_4	1.30154×10^{15}	33.33%	4.3384×10^{14}	25%	3.25385×10^{14}
110	$\sqrt{2}/a^2=9.2019$	C_2	0.92019×10^{15}	33.33%	3.0673×10^{14}	25%	2.30048×10^{14}
111	$\dfrac{4\sqrt{3}}{a^2}=15.0293$	C_3	1.50293×10^{15}	33.33%	5.0098×10^{14}	50%	7.51465×10^{14}
总的原子数					1.24155×10^{15}		1.306898×10^{15}
单位面积吸附库仑氢量＝总原子数×电子电量 $(1.602176\times10^{-19}C/e)$					$198.9\mu C/cm^2$		$209.39\mu C/cm^2$

【实验 3.2】 玻璃碳电极前处理及电极活性面积的氧化还原测量

(一) 实验目的

(1) 学习玻璃碳电极表面清洁前处理技术。

(2) 学习玻璃碳电极活性面积及粗糙度测量技术方法。

(3) 学习利用氧化还原特性判断扩散控制过程的方法。

(4) 学习玻璃碳电极表面是否清洁的基本判据方法。

(二) 实验原理

玻璃碳简称玻碳，是将聚丙烯腈树脂或酚醛树脂等在惰性气氛中缓慢加热至高温（达 1800℃）处理成外形似玻璃状的非晶形碳。玻璃碳电极的优点是导电性好、化学稳定性高、热胀系数小、质地坚硬、气密性好、光洁度高、氢过电势高、极化范围宽、电势适用范围宽，可制成圆柱、圆盘等电极形状，用它作基体还可制成汞膜玻碳电极和各种化学修饰电极等，玻碳电极在电化学实验或电分析化学中已经得到广泛的应用。

玻碳电极的封装通常采用机械挤压密封于惰性封装材料中，如聚四氟乙烯，当然也可以通过固化的方式密封于交联的热固性树脂中，如聚三氟乙烯、环氧树脂等，也可以通过熔融的方式密封于热塑性树脂中，如聚芳醚酮等。

与铂电极类似，玻璃碳电极也依然是通过砂纸及纳米颗粒的抛光结合氧化性溶液来处理。处理步骤依赖于表面状态，如果没有严重的麻坑、划痕及严重的化学物质污染，表面依然较为亮洁，则可以略过砂纸打磨步骤，直接用纳米颗粒抛光粉在湿绒抛光布表面上从大颗粒到小颗粒依次进行抛光（注意抛光粉不要混合使用，每次抛光完成后都要用去离子水彻底清洁干净，并尽量换专用的带绒抛光布）。

抛光完成的玻碳电极，为移除表面的有机及金属化合物的污染，也需要进行一定的化学及电化学清洗，化学清洗最简单的就是在硝酸中浸泡或表面擦洗，受限于封装材料，浸泡时间不宜过长；电化学处理则需要在中性或酸性电解质溶液中进行反复的阳极-阴极极化（电势扫描或电势阶跃均可，但要注意经常更换清洗的电解质溶液）。

对可逆电化学氧化还原体系，如铁氰化钾、六氨合钌等，在 CV 三角波循环扫描氧化还原中，以铁氰化钾为例，$[Fe(CN)_6]^{3-}$ vs. $[Fe(CN)_6]^{4-}$ 为电化学氧化还原可逆电对，其标准电极电势为 $E^{\ominus}=0.36V$（vs. NHE），（扫描电势设定在 $-0.2\sim+0.8V$ 区间），基于此，Nernst 方程可以表述为：

$$E = E^{\ominus} + \frac{RT}{F} \ln\left(\frac{C_{Ox}}{C_{Red}}\right)$$

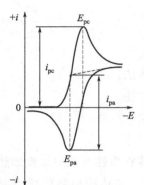

图 3.7 可逆电化学氧化还原体系三角波循环扫描过程中峰电势及峰电流信息

如图 3.7 所示，E_{pc}、E_{pa} 分别代表阴极峰电势值与阳极峰电势值，i_{pc} 和 i_{pa} 分别为阴极峰电流值与阳极峰电流值。当反应溶液静置，液相氧化还原物种传质过程只受扩散控制时，对可逆体系：$i_{pa}/i_{pc}=1$，且还原峰电势与氧化峰电势电势差（电极过程的可逆性的一个简单判据）：$\Delta E = E_{pa} - E_{pc} = 0.056V/n$（25℃），其式量电势为：$\frac{E_{pa}+E_{pc}}{2}$，其峰电流可由 Randles-Savick 方程导出：

$$i_p = 2.69 \times 10^5 n^{2/3} ACD^{1/2} v^{1/2}$$

式中，i_p 为峰电流，A；n 为转移电子数；A 为电极面积，cm^2；D 为氧化还原物种的扩散系数，cm^2/s（对亚铁氰化钾来说 $D = 0.63 \times 10^{-5} cm^2/s$）；$v$ 为电势扫描速度，V/s；C 为浓度，mol/L。

此外，这样的 i_p 与 v 之间的关系，也可以作为反应过程由扩散控制的典型判据。同时还原峰电势与氧化峰电势电势差也可以作为电极界面是否清洁的一个典型判据。

（三）仪器与试剂

（1）仪器与电解池：具有循环伏安功能的电化学分析仪、金片电极、铂丝对电极、Ag|AgCl（sat. KCl）参比电极、上部带通气除氧功能的同室底口电解池。

（2）试剂：蒸馏水、铁氰化钾（分析纯）（或硝酸钾）、亚铁氰化钾（分析纯）、氯化钾（分析纯）、金相砂纸（1000 目、2000 目）、氧化铝抛光粉（0.5μm、0.3μm、0.1μm）、带绒抛光布。

（四）实验步骤

（1）配制 0.05mol/L 铁氰化钾（+0.05mol/L 亚铁氰化钾，可不添加）/1mol/L 氯化钾水溶液（或硝酸钾）；配制 1mol/L 氯化钾水溶液（或硝酸钾）；以 98% 浓硫酸配制 1mol/L H_2SO_4 水溶液。

（2）以 0.05mol/L 铁氰化钾/1mol/L 氯化钾水溶液（或硝酸钾）为母液，选取 0mL、2mL、4mL、6mL、8mL、10mL 母液用/1mol/L 氯化钾水溶液（或硝酸钾）稀释至 10mL 备用。

（3）按次序机械抛光玻碳电极，并超声清洗。

（4）抛光后的玻碳电极进行化学及双电势阶跃电化学处理［1mol/L

H_2SO_4 水溶液，或者 1mol/L 氯化钾（或硝酸钾）水溶液，注意适当调节电势窗口]。

(5) 在 0.05mol/L 铁氰化钾/1mol/L 氯化钾水溶液（或硝酸钾溶液）中进行 CV 测试，根据还原峰电势-氧化峰电势电势差与理论值比较，确定电极表面是否需要重复抛光处理。

(6) 设置并探索玻碳电极在已经配制的各种不同浓度铁氰化钾/氯化钾溶液中循环伏安测量实验条件[推荐电势区间设置为-0.2~+0.8V（vs. NHE），起始电势为 0.8V，负向扫描]，并记录扫描速度及还原峰电势与氧化峰电势电势差。

(7) 在已经配制的各种不同浓度铁氰化钾/氯化钾溶液中，设置不同扫描速度（0.005V/s、0.01V/s、0.05V/s、0.1V/s、0.5V/s、1V/s、10V/s），运行循环伏安测量。

（五）实验数据及处理

(1) 对比在铁氰化钾溶液中获得的玻碳单价 CV 曲线还原峰电势与氧化峰电势的电势差，并比较其与理论值的差异。

(2) 根据氧化还原峰计算玻碳电极的电化学活性面积。

(3) 根据底孔池底孔密封胶圈尺寸，计算电极表面粗糙度。

(4) 总结 i_p 与 v 之间的数据关系。

(5) 总结 i_p 与本体浓度 C 的关系。

（六）结果与讨论

(1) 如何判断玻碳电极表面是否清洁适用？

(2) 该电极活性面积测量方法能否适用于 Au 和 Pt 电极？

(3) 如何简单判断电化学氧化还原反应过程是否由扩散控制？

（七）注意事项及要点

(1) 实验不同参比电极时的循环伏安电势窗应适当设置。

(2) 应根据峰峰电势差来判断电极是否继续需要前处理。

(3) Randles-Savick 方程中的浓度是哪个值？

（八）参考文献

[1] Matsuda H，Ayabe Y. Zur theorie der randles-sevcikschen kathodenstrahl-polarographie. Z Electrochem，1955，59（6）：494-503.

[2] Kissinger P T，Heineman W R. Cyclic voltammetry. J Chem Education，1983，60（9）：702-706.

[3] 藤岛昭，相泽益男，井上徹. 电化学测定方法 [M]. 陈震，姚建年译. 北京：北京大学出版社，1995：151.

【实验3.3】 金电极前处理及电极活性面积的欠电势沉积吸附测量

（一）实验目的

(1) 学习金电极表面清洁前处理技术。

(2) 学习金电极活性面积及粗糙度测量技术方法。

(3) 了解金表面的欠电势沉积技术方法。

（二）实验原理

与铂电极类似，金盘电极的处理也依然是通过砂纸及纳米颗粒的抛光结合氧化性溶液的处理（标准 CV 曲线如图 3.8 所示）。但由于金的热膨胀及亲疏水性特性，使得电极封装的时候比较麻烦，因而也严重制约了电极的抛光清洗过程。如热的氧化性溶液（Piranha 溶液）的使用，对玻璃封装容易由于内外层膨胀系数的差异产生泄漏，对树脂封装树脂基体则容易产生氧化性腐蚀降解等。因此这样的氧

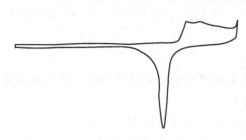

图 3.8　酸性介质中金的标准氧化还原 CV 曲线

化性溶液多用来处理玻璃封装或者金片、金膜电极等。

Piranha 溶液由 3:1 的浓硫酸和 30%（质量分数）的双氧水溶液配制而成，添加顺序为将双氧水极其缓慢地加入浓硫酸中，并不断搅拌以及时释放产生的热量（添加快速容易产生过热，从而导致溶液爆沸，产生危险，但热的溶液氧化性更好）。该溶液的强氧化性能用于清除大多数的有机基质残留，使其氧化降解，同时使界面羟基化，亲水性得到增强。但该溶液配制较为危险，具有强烈的腐蚀性和强的氧化性，当有机物降解猛烈时，会产生大量的气泡，非常容易发生爆炸。金电极由于污染有限，且电极面积有限，因此相对来说除制备过程外，还是比较安全的。由于在使用过程中双氧水会发生分解，因此 Piranha 溶液都是使用新鲜制备的。通常金电极在 Piranha 溶液中处理 10～40min 即可，具体处理时间则取决于污染程度。

欠电势沉积（underpotential deposition，UPD）是指一种金属可在比其热力学可逆电势正的电势下沉积在另一基体上的现象，是一个与电极/溶液结构密切相关的重要的电化学现象。由于单层原子与基底之间有很强的相互作用力，从而导致欠电势区沉积层为单层。研究表明，只有当功函较小的金属向功

函较大的金属沉积时，才有可能发生欠电势沉积。例如，由于 Cu 的功函比 Au 的功函小，所以 Cu 能够在 Au 电极表面形成欠电势沉积单层（图 3.9），而 Au 在 Cu 电极上沉积过程中则不会发生欠电势沉积。

按文献报道研究结果，在 Au (111) 单晶表面，欠电势沉积的 Cu 同样形成了有序的单层堆积结构（图 3.10）。多晶金表面低 Miller 指数晶面中（111）晶面最为稳定，也占据着较大的权重，因此可以根据 Cu UPD 的电量，通过这样的有序堆积结构，即可推算出金电极表面的活性面积。

图 3.11 为典型的 Cu UPD 电化学沉积刻蚀过程的特征 CV 曲线（0.2mol/L CuSO$_4$ + 0.1mol/L H$_2$SO$_4$

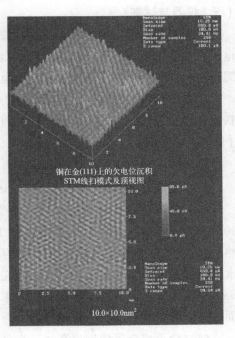

铜在金(111)上的欠电位沉积
STM线扫1模式及顶视图

$10.0 \times 10.0 nm^2$

图 3.9　铜欠电势沉积扫描隧道显微成像

溶液中欠电势沉积，电势扫描区间 0.2～0.6V vs. Ag|AgCl，电势扫描速度 0.1V/s），该 UPD 过程为开路自发过程，该电化学刻蚀过程为两电子交换过程，按照上述在（111）晶面上的构型，可以获得其理论吸附电量为 0.44mC/cm^2，根据其实际测得的电化学电量，即可以估算出金电极的活性电化学面积。

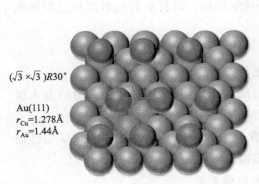

$(\sqrt{3} \times \sqrt{3})R30°$

Au(111)
$r_{Cu} = 1.278 Å$
$r_{Au} = 1.44 Å$

图 3.10　Au(111) 单晶表面欠电势沉积
Cu 形成的有序单层堆积结构

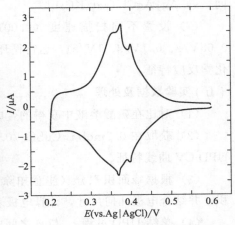

图 3.11　典型的 Cu UPD 电化学沉积
刻蚀过程的特征 CV 曲线

（三）仪器与试剂

（1）仪器与电解池：具有循环伏安功能的电化学分析仪、金盘或金片金膜电极、铂丝对电极、Ag|AgCl（sat. KCl）参比电极、上部带通气除氧功能的同室底口电解池（用于金片或者金膜电极）或者三口电解池（用于金盘电极）。

（2）试剂：蒸馏水、30%（质量分数）过氧化氢、98%浓硫酸、浓硝酸、铁氰化钾（分析纯）、亚铁氰化钾（分析纯）、氯化钾（分析纯）。

（四）实验步骤

（1）以 98%浓硫酸配制 0.1mol/L H_2SO_4 水溶液，注意量取及配制顺序。

（2）配制 0.2mol/L $CuSO_4$/0.1mol/L H_2SO_4 水溶液。

（3）使用金片或金膜电极时，需要配制 Piranha 溶液［以 98%浓硫酸和 30%（质量分数）过氧化氢溶液配制 Piranha 溶液，注意添加顺序及过程放热］。然后，将金片或金膜浸泡于热的 Piranha 溶液中 10min，取出后用蒸馏水反复清洗干净，并晾干后，置入底孔电解池中备用。

（4）金盘电极经砂纸、氧化铝粉末逐级抛光、清洗。并使用硝酸浸泡或表面擦涂，以去除可能的有机物污染。

（5）金片或金膜使用底孔池，金盘电极使用常规的三口单室电解池，设置并探索金电极在 0.1mol/L H_2SO_4 水溶液中的循环伏安测量实验条件［推荐开始设置电势区间：$-0.2\sim1.5V$ vs. Ag|AgCl（sat. KClaq），电势扫描速度 0.1V/s］，以获得理想的多晶金标准 CV 曲线。

（6）设置并探索金电极 0.2mol/L $CuSO_4$/0.1mol/L H_2SO_4 水溶液中的欠电势沉积过程循环伏安测量实验条件［推荐电势区间设置为 $0.2\sim0.6V$ 区间，vs. Ag|AgCl（sat. KCl）］。

（7）设置不同扫描速度（0.001V/s、0.002V/s、0.005V/s、0.01V/s、0.05V/s、0.1V/s、1V/s），运行循环伏安测量，以获取欠电势沉积过程的电化学反应特征。

（五）实验数据及处理

（1）对比在硫酸溶液中获得的金电极 CV 曲线与标准金曲线。

（2）获取在 0.2mol/L $CuSO_4$/0.1mol/L H_2SO_4 水溶液中获得的金电极 UPD CV 曲线特征。

（3）根据峰面积积分（注意扣除背景电容）计算金电极的电化学活性面积，并结合电极几何尺寸，计算电极表面粗糙度。

（4）总结 UPD 过程 i_p 与 v 之间的数据关系。

（六）结果与讨论

（1）有几种可能的判据判断金电极表面是否清洁？（可结合前一个实验）

（2）多晶金电极标准 CV 曲线的基本特征是什么？

（3）电极表面粗糙度的判据及表面粗糙度成因。

（4）从文献及实验结果，总结 UPD 过程中各 i_p 与 v 之间的数据关系，以此为基础粗略判断表面控制过程及反应速度快慢。

（七）注意事项及要点

（1）Piranha 溶液比较危险，注意添加次序、放热过程控制及危险防护。

（2）积分 UPD 过程峰面积时充电电容效应如何扣除？

（3）电量与电极面积的关系为什么按照 0.44mC/cm^2 来计算？

（八）参考文献

[1] Hachiya T，Honbo H，Itaya K. Detailed underpotential deposition of copper on gold(111) in aqueous solutions. J Electroanal Chem，1991，315：275.

【实验 3.4】 芯片金电极电化学活性面积 的特异性吸附测量

（一）实验目的

（1）学习芯片金电极的连接和使用。

（2）学习金电极的另外一种电化学活性面积测量方法。

（3）了解金表面的卤素特异性吸附。

（二）实验原理

与盘电极不同，丝网印刷的芯片金电极，由于印刷工艺及塑料、陶瓷等基底材料的限制，不能采用抛光及氧化性试剂处理的方式进行表面处理。芯片电极由于采购密封封装的缘故，一般有机污染基本可以避免，通常仅需要使用等离子体进行表面刻蚀处理即可，更简单的方式就是通过在硫酸溶液中电化学扫描清洗即可〔在 1mol/L H_2SO_4 溶液中 1.5V（vs. Ag｜AgCl）氧化，再 $-0.35V$ 电势还原〕。当然通过铁氰化钾、六氨合钌等氧化还原中的峰电势差也可以简单判断芯片电极的界面状态。

卤素离子非常容易在金的表面发生特异性吸附，像已经被证明的一样，在单晶 Au(111) 表面，I^- 会在金表面形成有序的呈原子态的 I 吸附单层（图 3.12）。碘原子吸附单位面积原子数可以十分方便地通过电化学氧化脱附电量计算出来，按照文献报道为 $\Gamma_I = 1.04nmol/cm^2$。

$(\sqrt{3} \times \sqrt{3})R30°$

Au(111)
$r_I = 1.33Å$
$r_{Au} = 1.44Å$

图 3.12 碘离子在金表面发生的特异性吸附结构

吸附的碘单层原子在 1mol/L H_2SO_4 溶液中 1.2V 左右可以发生电化学氧化（见图 3.13），其氧化脱附反应过程为：

$$I_{ads} + 3H_2O \Longrightarrow IO_3^- (aq) + 6H^+ + 5e^-$$

因此电极面积可以计算出来：$A = \dfrac{Q}{5F\Gamma_I}$。

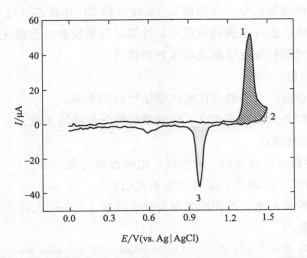

图 3.13　吸附的碘单层原子在酸性介质中的电化学氧化脱附特征

其中电量 Q 为图 3.13 中碘吸附氧化及金氧化电量 1+2－金还原电量 3。

由于碘具有极强的特异性吸附能力，这样的测量方法导致电极界面非常难以清洗，因此对盘电极测量该方法一般使用不多。

(三) 仪器与试剂

（1）仪器与电解池：具有循环伏安功能的电化学分析仪、芯片金电极（包括对电极及标准参比电极）、上部带通气除氧功能的三口电解池（用于金盘电极）。

（2）试剂：蒸馏水、KI（分析纯）、98% 浓硫酸。

(四) 实验步骤

（1）配制 1mol/L H_2SO_4 水溶液及 1mmol/L KI/1mol/L H_2SO_4 水溶液。

（2）芯片金电极在 1mol/L H_2SO_4 水溶液中的 CV 特征曲线测试。

（3）芯片金电极（或金盘电极）通过浸入或者滴加的方式加入 1mmol/L KI/1mol/L H_2SO_4 水溶液 2～3min 后，用蒸馏水反复清洗干净。

（4）经 KI 修饰过的芯片金电极浸入严格除氧的 1mol/L H_2SO_4 水溶液电解池中，在 0～1.5V 间，从 0V 开始进行电势扫描，电势扫描速度 100mV/s。

（5）尝试电化学清洗 KI 修饰过的金电极，多次反复氧化，并及时更换电解液，直到出现标准的金 CV 曲线特征。

(五) 实验数据及处理

（1）对比在硫酸溶液中获得的芯片金电极 CV 曲线与标准金曲线。

（2）获取在 1mol/L H_2SO_4 水溶液中芯片金电极的 CV 曲线氧化还原电量特征。

（3）根据峰面积积分（注意图 3.13 峰面积 2）计算芯片金电极的电化学活性面积，并结合芯片电极几何尺寸，计算芯片电极表面粗糙度。

（4）总结卤素特异性吸附及电极界面清洁。

（六）结果与讨论

（1）可结合前一个实验对比电化学活性面积差异。

（2）查找相关卤素离子在金、铂表面的特异性吸附文献。

（七）注意事项及要点

（1）KI 溶液对电极界面、对电极、电解池的污染。

（2）分析图 3.13 峰面积 2 是否为氧化电量？

（3）碘吸附量与电极面积的关系为什么按照 $1.04nmol/cm^2$ 来计算？

（八）参考文献

[1] Rodriguez J R, Mebrahtu T, Soriaga M P. Determination of the surface area of gold electrodes by iodine chemisorption. J Electroanal Chem, 1987, 233: 283.

[2] Yamada T, Batina N, Itaya K. Structure of electrochemically deposited iodine adlayer on Au(111) studied by ultrahigh-vacuum instrumentation and in situ STM. J Phys Chem, 1995, 99 (21): 8817.

【实验 3.5】 镍片在硫酸体系中的钝化曲线和 Tafel 研究

(一) 实验目的

(1) 学习用阳极钝化曲线进行样品分析的实验技术。

(2) 了解镍片在不同电势区间表现出的钝化和破钝现象。

(3) 学会运用 Tafel 实验方法测定电化学反应动力学参数。

(二) 实验原理

电极极化引发的电极反应中电流、电压的关系变化繁多，统称为极化曲线，或称伏安图。它的测量和研究是电极反应动力学的重要内容，其结果也是电化学生产过程控制的重要依据。极化曲线的测量方法可以是"稳态"的，也可是"暂态"的。前者是先控制恒定的电流（或电压），待响应电压（或电流）恒定后测量之，可获得稳态极化曲线。后者则控制电流恒定或按一定的程序变化，测量响应电势的变化；或控制相应的电势，测量响应电流的变化获得暂态极化曲线。

由阳极极化引起的金属钝化现象，叫阳极钝化或电化学钝化。钝化后的金属表面状态发生变化，使它具有贵金属的低腐蚀速率和正电极电势增高等特征。金属与周围介质自发地进行化学作用而产生的金属钝化称为化学钝化或自钝化作用。通常强氧化剂（浓 HNO_3、$KMnO_4$、$K_2Cr_2O_7$、$HClO_3$ 等）可使金属表面发生钝化，钝化后的金属失去原有的某些特性。若金属通过电化学阳极极化引起钝化则称为阳极钝化。一些可以钝化的金属，当从外部通入电流，电势随电流上升，达到致钝电势后，腐蚀电流急速下降，后随电势上升，腐蚀电流不变，直到过钝区为止。利用这个原理，以要保护的设备为阳极导入电流，使电势保持在钝化区的中段，腐蚀率可保持很低值。在保持钝性的电势区间，决定金属的阳极溶解电流密度大小的是钝化膜的溶解速度，所以，金属的钝态不是热力学稳定状态，而是一种远离平衡的耗散结构状态。阳极保护法需要一台恒电势仪以控制设备的电势（以免波动时进入活化区或过钝化区）。由于只适用于可钝化金属，所以这种方法的应用受到较大的限制。

塔菲尔（Tafel）线外推法是一种测定腐蚀速率的方法。该方法是将金属样品制成电极浸入腐蚀介质中，测量稳态的伏安（E-I）数据，通过 $\lg|I|$-E 作图，将阴、阳极极化曲线的直线部分延长，所得交点对应的即为 $\lg[I_{corr}]$，由腐蚀电流 I_{corr} 除以事先精确测量的样品面积 S_0，即可得到腐蚀速率。此法快速省时，适用于金属均匀腐蚀的测量。

首先其关系为：$E=a+b|\lg I|$，其中 a 值的求法，就是在 $\lg|I|$-E 图中曲线通过直接延长阳极与 E 轴的交点所得的截距，而 b 值对应的其实就是阳极曲线的斜率。

（三）仪器与试剂

（1）仪器与电解池：电化学分析仪、高纯镍片电极、铂片、饱和甘汞电极（或银/氯化银参比电极）、上部带通气除氧功能的三口电解池。

（2）试剂：蒸馏水、98%浓硫酸。

（四）实验步骤

（1）镍电极前处理：研究电极是高纯 Ni 电极，经氧化铝微粉研磨抛光，蒸馏水冲洗后即可使用。

（2）配制 0.1mol/L H_2SO_4 水溶液。

（3）初始电极电势为 -0.2V（vs. SCE），终止电势为 1.8V（vs. SCE），控制扫描速度测定单程阳极钝化曲线。

（4）选定 3 个不同的扫描速度，分别为 2mV/s、5mV/s 和 10mV/s，扫描范围为 $-0.20\sim+0.20$V（vs. SCE），测试得到 Tafel 曲线，并依据此曲线的结果进行电化学动力学分析。

（五）实验数据及处理

（1）阳极钝化曲线大致结果如图 3.14 所示。每次实验结束，观察电极表面都可发现均匀灰白色氧化物，用放大镜观察电极表面，可发现典型的点蚀凹坑。

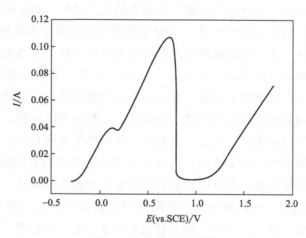

图 3.14　阳极钝化曲线

（2）由阳极钝化曲线图可观察到：

$-0.21\sim0.18$V 区间为活性溶解区，是镍片的正常溶解区间；$0.18\sim0.75$V

区间为钝化过渡区，此时镍片表面逐渐形成钝化膜，所以电流密度随着阳极电极电势增大先增大，后逐渐减小。0.75～1.2V为钝化稳定区，金属处于钝化状态，此时镍片表面生成一层致密的钝化膜，在此区间电流密度稳定在很小值，而且其与阳极电势变化基本无关。1.2V以后为超钝化区，电流密度又随阳极电极电势的增大而迅速增大，在此区间钝化了的镍片又重新开始溶解，该区间与活性溶解区类似，在1.56V处有时会伴随有一小肩峰，应该归属于二次钝化的发生。

（3）选择从慢到快不同扫描速度的三条Tafel曲线，如图3.15所示：随电势扫描速度增加，腐蚀电势略有正移，扫描速度为2mV/s时，为初次测试，镍片表面活性较大，迅速反应，腐蚀程度较大。随着腐蚀过程中的延伸及电势扫描速度增加，硫酸浓度也有所降低，同时镍片上的表面结构也发生一定程度的改变，最终促使腐蚀电流密度有所降低。

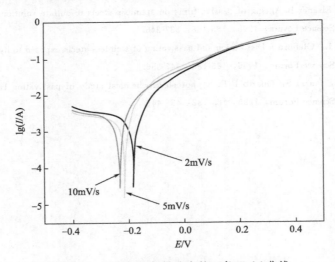

图3.15　不同电势扫描速度的三条Tafel曲线

（4）作lg|I|-E图，计算腐蚀速率；有时可以利用仪器设备程序自带的计算功能（如CHI）对Ni的腐蚀速率进行计算（图3.16）。

（六）结果与讨论

（1）比较扫描速度对腐蚀电势的影响。

（2）比较电解质如KCl等的添加对阳极氧化及腐蚀过程的影响。

（3）查找相关Tafel曲线使用的相关文献及应用领域。

（七）注意事项及要点

（1）镍电极表面状态对测量影响较大，不同组实验数据无法直接对比。

（2）有兴趣的也可以尝试不锈钢电极。

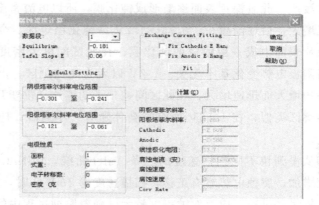

图 3.16　计算腐蚀速率参数设置示例

(八) 参考文献

[1]　Rossi A，Elsener B. Ageing of passive films on stainless steels in sulfate solutions-XPS analysis. Materials Science Forum，1995，185-188：337-346.

[2]　Wegrelius L，Olefjord I. Dissolution and passivation of stainless steels exposed to hydrochloric acid. Materials Science Forum，1995，185-188：347-356.

[3]　Sunseri C，Piazza S，Quarto F D. A photoelectrochemical study of passivating layers on nickel. Materials Science Forum，1995，185-188：435-446.

【实验 3.6】 旋转圆盘电极及电极反应动力学参数测定

(一) 实验目的

(1) 掌握旋转圆盘电极的实验技术方法。

(2) 学习运用旋转圆盘电极实验方法测定电化学动力学参数。

(3) 学习运用旋转圆盘电极建立电化学分析方法。

(二) 实验原理

为了研究电极表面电流密度的分布情况、减少或消除扩散层等因素的影响，电化学研究人员通过对比各种电极和搅拌的方式，开发出了一种高速旋转的电极，由于这种电极的端面像一个盘，所以也叫旋转圆盘电极（rotating disk electrode，RDE），简称旋盘电极，还叫转盘电极。还有基于这种电极进一步改进了的旋转圆环电极等，可以测量更为复杂的电极过程的电化学参数。

电化学反应过程通常由反应物和产物的传质步骤或电荷转移步骤所控制。为了测定电化学反应过程的动力学参数，必须通过相应的测量技术和数学处理，突出某一控制步骤，忽略另一个控制步骤。例如，为了测量传质过程的动力学参数、扩散系数（D），必须使电化学反应过程由传质步骤控制。反之，为了测量电极反应过程的动力学参数，如交换电流密度 i_0、电子转移系数 a 和标准反应动力学常数 K，必须使整个电化学反应过程由电荷转移步骤控制。旋转圆盘电极由于其电极转速可以准确控制，可以测量不同转速下的伏安曲线，通过必要的数学处理，以突出某一控制步骤，最终求得相应的动力学参数。此外，在一定转速下，旋转圆盘电极反应的极限电流和反应浓度也存在着一定的线性关系。因此，旋转圆盘电极也是一种常用的、稳定的电化学分析技术方法。

旋转圆盘电极是电极理论与流体动力学结合的产物，因此它也称为流体动力学电极。其工作原理的基本要点是：物质传递和电流密度受控于电化学活性物质，而电化学活性物质的运动是按流体动力学规律进行的。

这种电极的结构特点是圆盘电极与垂直于它的转轴同心并具有良好的轴对称；圆盘周围的绝缘层相对有一定厚度，可以忽略流体动力学上的边缘效应；同时电极表面的粗糙度远小于扩散层厚度。

圆盘电极测量装置由以下几部分构成：旋转圆盘/圆环电极装置（多种不同材质及结构的电极，如玻碳盘电极、铂盘电极、金盘电极、玻碳盘铂环电极、金属环电极、环盘电极等），还有就是常规的参比电极及对电极等。旋转圆盘/圆环电极装置的主机控制器包含转速设置旋钮、转速显示屏等。控制器与主机通过控制线连接，旋转杆安装在主机下端，工作电极头安装在旋转杆下端。主机上有信号接线柱，与电化学工作站的信号线相连接。

（三）仪器与试剂

（1）仪器与电解池：电化学分析仪、旋转圆盘电极工作系统及电解池、铂片或铂丝作为辅助电极、饱和甘汞电极（或银氯化银参比电极）。

（2）试剂：蒸馏水、KCl（分析纯）、铁氰化钾及亚铁氰化钾（分析纯）。

（四）实验步骤

（1）电解液配制：0.01mol/L 的 $K_4Fe(CN)_6$＋0.01mol/L 的 $K_3Fe(CN)_6$ 的 1mol/L 的 KCl 水溶液 100mL 置于电解槽中。

（2）工作电极抛光清洗。

（3）设置测试参数：选定 5～6 组从低到高不同的转速，扫描速率为 10mV/s，扫描范围为 -0.35～+0.6V（vs. SCE）。测定一组不同转速旋转圆盘电极在 0.01mol/L $K_4Fe(CN)_6$＋0.01mol/L $K_3Fe(CN)_6$/1mol/L KCl 水溶液中的线性扫描伏安曲线。

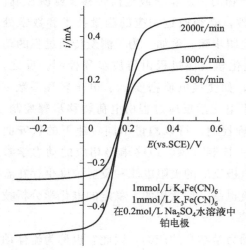

图 3.17　不同电极转速时的伏安曲线

（五）实验数据及处理

由图 3.17 可以看出，在电极转动时，消除了扩散的影响，循环伏安曲线呈现为典型的 S 形。并且随着转速的增大，极限电流也随之增大。由电化学理论，极限电流密度与转速之间的关系为：

$$i_1 = 0.62nFACD^{2/3}\gamma^{-1/6}\omega^{1/2}$$

式中，ω 是角速度，旋转数 N 以 r/s 作单位的时候，$\omega = 2\pi N$；γ 是转动黏度，cm^2/s；C 是浓度，mol/L；i_1 是极限饱和电流，mA；A 是电极表面积，cm^2；D 是扩散系数，cm/s。即极限电流 i_1 与 $\omega^{1/2}$ 成正比。将实验得到的数据进行线性拟合，即可以根据该直线的斜率得到其他相关的电化学动力学参数。[$K_3Fe(CN)_6$ 的扩散系数 D_O 和 $K_4Fe(CN)_6$ 的扩散系数 D_R、电子转移数 n 等]

（六）结果与讨论

（1）如何判断电极抛光是否达到洁净的要求？

（2）为什么旋转圆盘测试观测不到氧化还原峰，而是 S 形伏安曲线？

（3）为什么转速越大，电流越大？

（七）注意事项及要点

（1）进行旋转圆盘测试时，转速应该从低到高，调节转速的时候，旋钮需缓慢调节。

（2）安装旋转圆盘电极时，一定要将仪器旋转装置倒置，然后将电极安装上，对称拧紧螺丝，检查电极固定是否牢固。注意电极置入溶液下方约1cm位置即可，不要过于贴近电解池底部。

（3）测量之前，先测量开路电势约30s，如果电势比较稳定，说明电极连接状况良好。

（八）参考文献

[1]　阿伦 J. 巴德，拉里 . R. 福克纳 . 电化学方法——原理和应用 [M]. 邵元华，朱果逸，张柏林译.
　　2 版 . 北京：化学工业出版社，2005：230.

4

电化学实验技术方法应用

电化学实验技术方法能够通过界面控制电子的转移和电荷的迁移，从而进行化学反应的控制，同时也可以通过这些反应物质和过程中的电化学性质进行检测分析，这样的技术方法在许多领域中都有着广泛的应用，不仅仅是在科研教学活动中，更是在我们身边的各种领域和应用场景，从尖端前沿的材料科学，到我们身边的血糖仪，都能看到电化学技术方法的身影（图 4.1）。

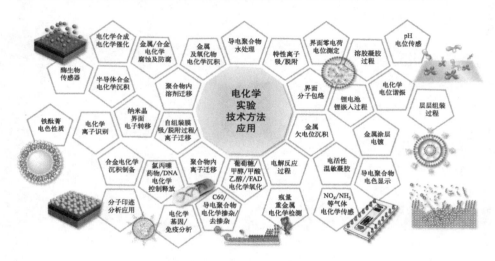

图 4.1　电化学实验技术方法应用示例

在化学分析领域中，电化学分析测量不仅能够用于物质组成和含量的定量分析，也可以用于元素价态、形态的结构分析；在能源技术领域中，电化学技术主要就是用于电池的充放电过程控制及监控，优化材料体系结构及反应过程，提升性能及寿命，此外还可以用于故障诊断和安全性监测中，以发现潜在安全隐患，提高可靠性和安全性；在环境科学领域中，电化学技术不仅可以用于污染物的电化学降解处理、电解液电化学沉积回收、土壤污染修复等，还可以用于水体、土壤、空气中的污染物检测/监测，如水体中的重金属电化学分析、空气中有毒有害气体的电化学传感监测等；在材料科学领域中，电化学技术方法不仅可以用于常见的表面分析，也可以用于材料制备中，如导电聚合物的电化学聚合、纳米材料的电化学沉积、有机小分子的电有机合成、表面钝化及防腐处理等；在生物医疗领域中，从常见的血糖检测到肿瘤标志物等的电化学发光分析等都已经形成了较为成熟的应用产品。本章中的实验内容是重点围绕这些基础及应用研究体系设计开展的。

【实验 4.1】 离子选择性传感器件制备及典型表征法

(一) 实验目的

(1) 学习固态电极表面清洁前处理技术。

(2) 学习离子选择性器件的制备原理以及方法。

(3) 了解离子选择性电极的电势测量技术的原理以及操作方法。

(二) 实验原理

离子选择性电极（ion selective electrode，ISE）是一种用特殊敏感膜制成的，对溶液中特定离子具有选择性响应的电极。ISE 可测量 pH 值，以及 Na^+、K^+、Cl^-、Ca^{2+}、Mg^{2+} 等离子的活度或浓度。离子选择性电极通常由电极基底、内参比电极、内参比溶液和敏感膜四部分组成（图 4.2）。某一特定的 ISE，其敏感膜材料可对某一离子特异性响应。不同类型的敏感膜，其膜电势产生的机理可能不同，大多数膜电势的产生是基于膜材料的离子与溶液界面的离子发生交换反应，改变两相中原有电荷的分布，形成双电层，即两相间存在一定的电势差。离子选择性电极的电极电势可表示为：

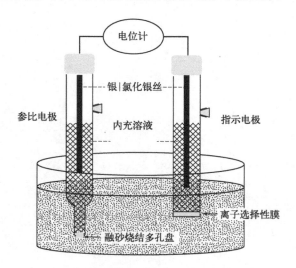

图 4.2 离子选择性电极结构及测量体系

$$E = E^{\ominus} + \frac{2.303RT}{z_i F} \lg a_i$$

式中，$E^{\ominus}$ 是标准电势，在测量条件恒定下为常数；R 是通用气体常数，8.314J/(mol·K)；T 是热力学温度，K；F 是法拉第常数，96485C/mol；z_i 是选择性目标离子 i 的电荷；a_i 是选择性目标离子 i 的活度。在 25℃下，电解池电势对选择性目标离子活度对数的线性部分斜率为 $59.2/z_i$，阳离子斜率为正，阴离子斜率为负。ISE 与参比电极共同浸入样品溶液中构成一个原电池，通过测量原电池的电动势 E，便可求得被测离子的活度或浓度。

每个 ISE 都有离子检测上下检测限，上下检测限之间的范围即为电极电势的检测范围。上下检测限都表现为电势校准斜率偏离能斯特响应。固态离子选择性电极取代了传统液接离子选择电极内充溶液的部分，两相固相界面的平衡可完全依赖于样品的浓度而不用担心离子回流的影响。然而 ISM（离子选择性膜）中也存在少量待测离子，若 ISM 产生泄漏有一部分离子从膜扩散至固态转接层｜ISM 界面，则会导致大的电势漂移，因此，对于有 ISM 的 ISE 来说，低检测限则由 ISM 成分从膜中的泄漏程度决定。当目标离子活度过高时，ISM 会与待测溶液产生共萃取效应，也致使电极的响应偏离能斯特斜率的理论值，从而表现为检测上限。图 4.3 为 ISE 的校准曲线，根据 IUPAC 的推荐，将水平部分延长线和线性部分延长线交于一点，交点所对应的目标离子活度即为检测上限或检测下限；检测上限和检测下限之间的线性部分即为电极的检测范围（图 4.3）。

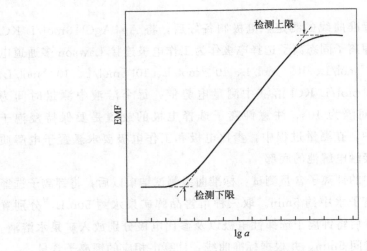

图 4.3 离子选择性电极检测上下检测限

（三）仪器与试剂

（1）仪器与电解池：具有电势测量功能的 Lawson 多通道电势仪或具有电势测量功能的电化学分析仪，Ag｜AgCl（3mol/L KCl）参比电极、玻碳或者金圆盘电极（直径＝3mm）。

（2）试剂：去离子水、氯化钾（分析纯）、缬氨霉素、四［3,5-二（三氟甲基)-苯基］硼酸钾（KTFPB）、癸二酸二（2-乙基己基酯）（DOS）、聚氯乙烯（PVC）。

（四）实验步骤

（1）采用去离子水配制 KCl 溶液，浓度分别为 10^{-1} mol/L、10^{-2} mol/L、10^{-3} mol/L、10^{-4} mol/L、10^{-5} mol/L、10^{-6} mol/L、10^{-7} mol/L，注意量取和配制顺序。

（2）基底电极的抛光与清洗：玻碳或者金圆盘电极经氧化铝粉末逐级抛光并超声清洗，最后采用乙醇和去离子水清洗电极表面，以去除可能的有机残留物和粉尘。

（3）离子选择膜的配制：钾离子选择膜溶液的组成［质量比＝15％（质量分数）］是溶解在四氢呋喃中的 1％（质量分数）缬氨霉素、0.5％（质量分数）KTFPB、66.3％（质量分数）DOS 和 33.2％（质量分数）PVC。

（4）钾离子选择性电极的制备：将离子选择性膜溶液（$50\mu L$）滴涂于玻碳或者金圆盘电极表面，在室温空气中干燥至少 6h（或者真空干燥 1h），然后在测量前将膜覆盖的钾离子固态离子选择电极放置于 0.01mol/L KCl 中浸泡数小时。注意浸泡时电极要浸入电解质溶液中，并检查电极表面是否移除了气泡。

（5）钾离子标准曲线的测定：电极制备好后，将 Ag｜AgCl｜3mol/L KCl 作为参比电极和钾离子固态离子选择电极作为工作电极连接 Lawson 多通道电势仪，依次在 10^{-7} mol/L、10^{-6} mol/L、10^{-5} mol/L、10^{-4} mol/L、10^{-3} mol/L、10^{-2} mol/L、10^{-1} mol/L KCl 溶液中测量电势值，每个溶液中测量时间为 5min，测量时间间隔为 10s。注意钾离子选择电极的放置是要保持浸泡于 0.01mol/L KCl 中，在测量过程中，参比电极和工作电极要求悬置于电解质溶液中，但不可接触电解池的底部。

（6）矿泉水中的钾离子含量测试：标准曲线测试结束以后，将钾离子选择性电极浸泡在去离子水中约 5min。取三种市售品牌矿泉水约 50mL，分别置于三个烧杯中，然后将钾离子选择性电极以及参比电极分别放入矿泉水溶液，记录电势，测量时间 5min。并根据标准曲线，计算出相应的钾离子含量。

（五）实验数据及处理

（1）依据 Lawson 多通道电势仪的测量，得到钾离子选择电极在从 10^{-1} mol/L 到 10^{-7} mol/L KCl 溶液中的电势-时间的曲线以及稳定性。

（2）绘制钾离子选择器件在从 10^{-1} mol/L 到 10^{-7} mol/L KCl 溶液电势值与 $\lg a_{K+}$ 的电势校准曲线。

（3）通过钾离子选择器件电势校准曲线的水平延长线确定检测上限及检测下限。

（4）依据能斯特方程式，总结钾离子选择器件的电势值与 a_{K+} 的关系。

（5）根据测定的标准曲线，计算市售矿泉水中钾离子的含量。

（六）结果与讨论

（1）电极表面的光滑平整度对该实验测量是否有影响？

（2）钾离子选择电极电势测量曲线的稳定性。

（3）钾离子固态离子选择电极的能斯特斜率。

（4）钾离子固态离子选择电极的检测上限及检测下限。

（七）注意事项及要点

（1）电极表面平整与干燥。

（2）离子选择性膜要覆盖电极的全部表面（玻碳或者金电极基体界面＋外部包裹封装材料截面）。

（3）离子选择性膜的溶液浸泡要时间充足，并确认电极表面无气泡。

（4）离子选择性电极的电势与 $\lg a_{K+}$ 的能斯特斜率计算。

（八）参考文献

［1］ Bobacka J，Ivaska A，Lewenstam A. Potentiometric ion sensors. Chem Rev，2008，108（2）：329-351.

［2］ Bakker E，Bühlmann P，Pretsch E. Carrier-based ion-selective electrodes and bulk optodes. 1. General characteristics. Chem Rev，1997，97（8）：3083-3132.

【实验4.2】 苯胺单体的电化学聚合及氧化还原特征

（一）实验目的

（1）学习电化学引发聚合反应。

（2）了解苯胺单体电化学聚合的反应机理。

（3）理解电化学聚合引发及控制条件对聚合产物的影响。

（二）实验原理

聚苯胺是一种典型的有机导电聚合物，1987年提出的苯醌式结构一直被大家广为认可，其结构类似于苯二胺与醌二亚胺的共聚物。

聚苯胺作为一种优良的防腐材料逐渐引起重视，并且成为导电聚苯胺最有希望的研究领域。因导电聚合物（如聚苯胺）通常不溶于水和一般有机溶剂，且无热塑性，故加工困难。涂料生产成本很高，涂料的生产和涂装过程又会涉及大量的挥发性有机溶剂，易造成生产和周围环境的空气污染，危害人体健康。因此，采用电化学法制备导电聚苯胺在防腐应用上将具有更大的技术优势。

苯胺的电聚合反应可以概括为以下过程：一般认为，反应的第一步是电极从芳香族单体上夺取一个电子，使其氧化成为阳离子自由基（图4.4）；生成的两个阳离子自由基之间发生加成性偶合反应，再脱去两个质子，成为比单体更易于氧化的二聚体；留在阳极附近的二聚体继续被电极氧化成阳离子，继续其链式偶合反应。

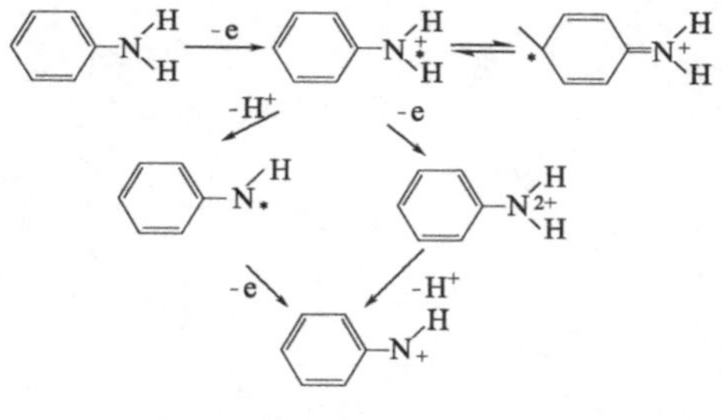

图4.4 苯胺电化学氧化形成阳离子自由基

聚苯胺的电化学氧化聚合过程是一个自催化过程，溶液中单体浓度越大对聚合成膜越有利，但是苯胺溶解度有一定的限制，通常单体与掺杂电解质（如硫酸）的浓度比应尽量大于1:1。此外，适当降低扫描速率、增加扫描圈数对聚合成膜都是有利的。聚苯胺的电化学活性明显依赖于其质子化程度，质子酸对聚苯胺的电化学生产具有较大的促进作用（图4.5）。

电化学合成的聚苯胺纯度高、反应条件简单且容易控制，但电化学方法只适用于生产小批量的聚苯胺，常见的电化学聚合方法有：电势循环扫描法、恒电势法、恒电流法、脉冲极化法等。影响聚苯胺电化学聚合的因素有电解质溶液、单体浓度、溶液酸度、电极材质、阴离子电解质浓度及种类、反应温度、

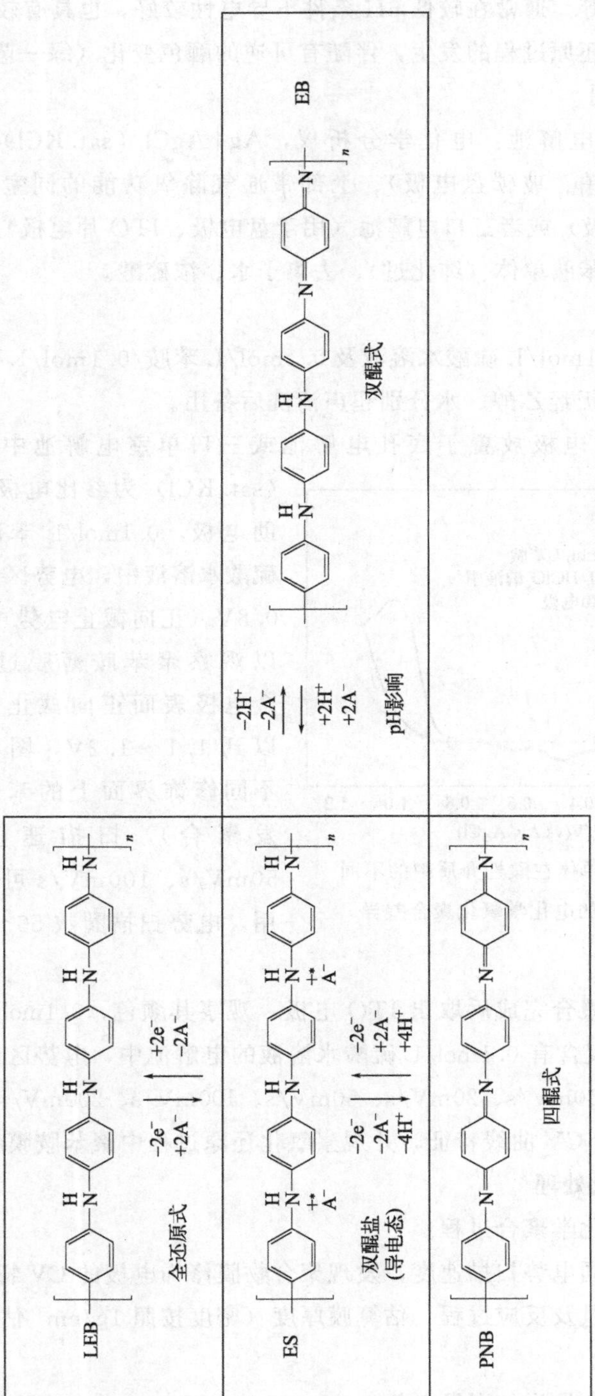

图4.5　聚苯胺氧化还原过程及其质子化程度的影响

EB

双醌式

$-2H^+$ $-2A^-$
$+2H^+$ $+2A^-$

pH影响

电位影响

LEB　全还原式

ES　双醌盐(导电态)

PNB　四醌式

$-2e^-$ $-2A^-$
$+2e^-$ $+2A^-$

$-2e^-$ $-2A^-$ $-4H^+$
$+2e^-$ $+2A^-$ $+4H^+$

施加的电极电势等。通常在较低 pH 条件下导电性较好，也具有较好的氧化还原性，随着氧化还原过程的发生，伴随有可逆的颜色变化（绿—蓝）。

（三）仪器与试剂

（1）仪器与电解池：电化学分析仪，Ag｜AgCl（sat. KCl）参比电极、ITO（或者金、铂、玻碳盘电极）、上部带通气除氧功能的同室底口电解池（用于 ITO 片电极）或者三口电解池（用于盘电极、ITO 片电极）。

（2）试剂：苯胺单体（纯化过）、去离子水、浓硫酸。

（四）实验步骤

（1）配制 0.1mol/L 硫酸水溶液及 0.1mol/L 苯胺/0.1mol/L 硫酸水溶液。

（2）ITO 电极经乙醇、水分别超声清洗后备用。

（3）将 ITO 电极放置于底孔电解池或三口单室电解池中，Ag｜AgCl（sat. KCl）为参比电极，铂丝为辅助电极，0.1mol/L 苯胺/0.1mol/L 硫酸水溶液中，电势区间为 -0.1～0.8V（正向截止电势可适当调整，以观察聚苯胺薄膜过氧化现象，金电极表面正向截止电势甚至可以到 1.1～1.2V，图 4.6 为几种不同修饰界面上的苯胺电化学引发聚合），扫描速度 20mV/s、50mV/s、100mV/s 可适当选择使用，电势扫描圈数 50～100 圈适当选取。

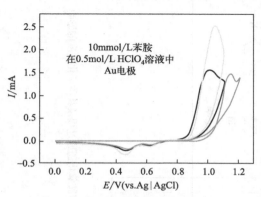

图 4.6 苯胺单体在酸性介质中的不同修饰界面上的电化学氧化聚合差异

（4）电化学聚合完成后取出 ITO 电极，观察其颜色，0.1mol/L 硫酸水溶液清洗后，置于仅含有 0.1mol/L 硫酸水溶液的电解池中，电势区间为 -0.1～0.8V，扫描速度 10mV/s、20mV/s、50mV/s、100mV/s、200mV/s、500mV/s、1000mV/s，记录 CV 曲线特征，并观察氧化还原过程中聚苯胺膜颜色的变化。

（五）实验数据及处理

（1）叠加电化学聚合过程。

（2）根据不同电势扫描速度，发现聚合物膜修饰电极的 CV 特征。

（3）根据电量及反应过程，估算膜厚度（密度按照 $1g/cm^3$ 估算）。

（六）结果与讨论

（1）氧化聚合发生的引发电势。

（2）高氧化电势对膜电化学行为的影响及原因。

（3）聚苯胺膜修饰电极的电化学反应特征。

（4）聚苯胺膜修饰电极的可能颜色变化及根源。

（七）注意事项及要点

（1）ITO 电极的有效电连接。

（2）苯胺的毒性。

（八）参考文献

［1］ Mohilner D M, Adams R N, Jr Argersinger W J. Investigation of the kinetics and mechanism of the anodic oxidation of aniline in aqueous sulfuric acid solution at a platinum electrode. J Am Chem Soc, 1962, 84 (18)：3618-3622.

［2］ Rubinstein I, Rishpon J, Sabatani E, et al. Morphology control in electrochemically grown conducting polymer films. J Am Chem Soc, 1990, 112 (16)：6135-6136.

［3］ Sabatani E, Gafni Y, Rubinstein I. Morphology control in electrochemically grown conducting polymer films. J Phys Chem, 1995, 99 (33)：12305-12311.

【实验 4.3】 Pt/C 催化剂对电化学氧还原反应催化活性的测定

（一）实验目的

（1）了解氧还原反应在酸性及碱性环境下的反应机理。

（2）熟悉三电极体系以及旋转圆/环盘电极的使用方法。

（3）熟悉循环伏安电化学技术、掌握电化学氧还原实验数据的分析与处理。

（二）实验原理

质子交换膜燃料电池是以氢气（H_2）为燃料，与氧气（O_2）反应生成水（H_2O）的过程中将化学能转换为电能的一种能源转换装置。凭借其环境友好以及高的理论效率，被认为是乘用车等的理想动力。然而，其广泛应用与市场化极大地受到来自阴极氧还原反应动力学缓慢的制约。高效的催化剂的发展有利于进一步推动燃料电池的商业化进程。目前，已报道的氧还原催化剂主要分为贵金属基催化剂（Pt、Pd 等贵金属合金及其单原子催化剂）、非贵金属基催化剂（Fe/N/C 为典型代表），以及非金属催化剂（杂原子掺杂的石墨烯等碳材料）三类。其中，Pt/C 以及 Pt 基-合金催化剂凭借其高的电化学氧还原催化活性与稳定性被广泛应用于商业化的燃料电池堆中。Johnson Matthey 公司已成功实现了 Pt/C 催化剂的大批量制备与商业化。Pt/C 催化剂作为一种典型的氧还原商业催化剂，更是评估各种新型电化学氧还原催化剂性能的重要参照标准。对于 Pt/C 催化剂的规范表征，更是所制备新型催化剂能否得到最优的电化学性能评估的基础。本章实验，主要通过化学修饰电极法对 Pt/C 催化剂在酸性与碱性介质中的氧还原反应电化学催化活性进行表征。

目前实验室对于氧还原电化学催化剂，多采用旋转圆/环盘电极及循环伏安技术进行评估（图 4.7）。在旋转圆盘电极上施加一特定三角波电势循环[酸性介质中电势窗口通常为 0.0～1.0V（vs. RHE）（可逆氢电极）]，四电子（$4e^-$）氧还原反应生成水在玻碳圆盘电极表面发生，同时伴随两电子（$2e^-$）转移生成过氧化氢（H_2O_2），为了评估氧还原过程中的 H_2O_2 产率，设置铂环电极电势恒定值约 1.2V（vs. RHE），使得生成的 H_2O_2 进一步在环电极表面被氧化。进一步通过计算，确定氧还原过程中的 $4e^-$ 转移效率。在整个电化学测试过程中，主要考查参数为：氧还原反应的开路电势（OCP）、半波电势（$E_{1/2}$）、电子转移数目（n）、极限电流密度 j_L 以及塔菲尔斜率等。

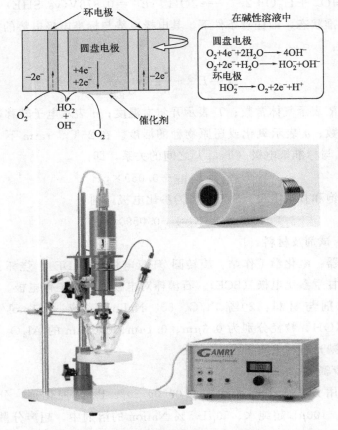

图 4.7　电化学氧还原在碱性电解质中的反应过程示意图以及
旋转圆盘电极装置和旋转环盘电极图片

氧还原反应，酸性介质中的直接四电子（$4e^-$）转移生成 H_2O 的标准电极电势 $E_{O_2/H_2O}^{\ominus}$ 为 1.230V（vs. SHE）（标准氢电极），两电子（$2e^-$）转移电极电势 $E_{O_2/H_2O_2}^{\ominus}$ 为 0.695V（vs. SHE），其反应机理如下：

$$O_2+4H^++4e^- \longrightarrow 2H_2O; E^{\ominus}=1.230V(vs. SHE)$$

$$O_2+2H^++2e^- \longrightarrow H_2O_2; E^{\ominus}=0.695V(vs. SHE)$$

$$H_2O_2+2H^++2e^- \longrightarrow 2H_2O; E^{\ominus}=1.776V(vs. SHE)$$

氧还原反应，在碱性介质中氧直接四电子（$4e^-$）还原为 OH^- 标准电极电势 $E_{O_2/OH^-}^{\ominus}$ 为 0.401V（vs. SHE），选择性 $2e^-$ 转移反应标准电极电势为 $-0.076V$（vs. SHE），其反应机理如下：

$$O_2+2H_2O+4e^- \longrightarrow 4OH^-; E^{\ominus}=0.401V(vs. SHE)$$

$$O_2+H_2O+2e^- \longrightarrow HO_2^-+OH^-; E^{\ominus}=-0.076V(vs. SHE)$$

$$HO_2^- + H_2O + 2e^- \longrightarrow 3OH^- ; E^\ominus = 0.878V (\text{vs. SHE})$$

在非标准状态，即任意条件下，其电极电势与标准电极电势的关系由能斯特方程计算：

$$E = E^\ominus + \frac{RT}{nF} \ln \frac{a_{Ox}^a}{a_{Red}^b}$$

式中，R 表示气体常数；T 表示开尔文温度；n 表示电子转移数目；F 表示法拉第常数；a 表示氧化或还原物种的活度。在 25℃、1atm 下，可逆氢电极（E_{RHE}）与标准氢电极（E_{SHE}）之间的关系，即：

$$E_{RHE} = E_{SHE} + 0.059 \times pH$$

若采用饱和甘汞电极（SCE）作为参比电极，则：

$$E_{RHE} = E_{SCE} + 0.059 \times pH$$

（三）仪器、试剂及材料

（1）仪器：电化学工作站、旋转圆/环盘电极（RRDE）、烧杯、三电极电解池、饱和甘汞参比电极（SCE）、石墨棒对电极、环盘工作电极。

（2）试剂与材料：20% Pt/C、5% Nafion 溶液、0.1mol/L HClO$_4$、0.1mol/L KOH、粒径分别为 0.3μm、0.1μm、0.05μm 的 Al$_2$O$_3$ 抛光粉末、尼龙与麂皮抛光布、去离子水、乙醇。

（四）实验步骤

（1）使用分析天平称准确取 0.0050g 20% Pt/C 催化剂，分散于含有 900μL 乙醇、100μL 超纯水、50μL 5% Nafion 的溶剂中，超声分散 1h，以得到均匀分散的催化剂分散液。

（2）将旋转环盘电极分别用 0.3μm、0.1μm、0.05μm 的 Al$_2$O$_3$ 抛光粉在尼龙与麂皮抛光布上进行打磨抛光（抛光过程中注意保持电极垂直于抛光布，避免用力过大），并分别在超纯水、乙醇中超声清洗 3 次以得到表面光滑且洁净的工作电极，可采用显微镜观察电极表面，通常电极表面无明显凹痕即可。（或者可以采用 10mmol/L 铁氰化钾与 0.1mol/L 氯化钾溶液检验电极表面是否合格）

（3）取 10μL 催化剂分散液滴涂于旋转圆盘的盘电极之上，待催化剂溶液风干，在电极表面得到一层均匀致密的 20% Pt/C 催化剂修饰的工作电极。催化剂在电极表面的负载量为 50μg（Pt）/cm^2。

（4）将配制好的 0.1mol/L HClO$_4$ 溶液转移至三电极电解池中，将参比电极、对电极、工作电极分别置于氧气饱和的 0.1mol/L HClO$_4$ 电解液中。采用循环伏安技术，扫描电势从 1.0V 到 0.0V（vs. RHE），扫描速度设置为 10mV/s，环盘电极的电势设置为 1.20V（vs. RHE）。同样的过程随后在 Ar

饱和的 0.1mol/L HClO$_4$ 溶液中进行测试，以得到催化剂在不同电势下的背景电流值，从而进一步计算出氧电化学还原的法拉第电流。

（5）进一步，考察 20％ Pt/C 催化剂修饰的工作电极在碱性电解液中电化学氧还原的催化活性。将配制好的 0.1mol/L KOH 溶液转移至三电极电解池中，将参比电极、对电极、工作电极分别置于氧气饱和的 0.1mol/L KOH 电解液中。采用循环伏安技术，扫描电势从 1.0V 到 0.0V（vs. RHE），扫描速度设置为 10mV/s，环盘电极的电势设置为 0.11V（vs SCE）［1.12V（vs. RHE）］。同样的过程随后分别在 Ar 饱和的 0.1mol/L KOH 溶液中测试，以得到催化剂在碱性条件下各电势下的背景电流值，从而进一步计算出氧电化学还原的法拉第电流。

（6）分别在酸性及碱性条件下，考察不同转速下氧还原反应的循环伏安行为。设置旋转杆转速分别为 900r/min、1225r/min、1600r/min、2025r/min。

（7）上述实验，需各自平行实验 3 次，以对测试结果准确度、精密度以及重现性等做考察。

（五）实验结果与讨论

（1）以酸性介质体系为例，图 4.8 为 20％ Pt/C 催化剂在 Ar 与 O$_2$ 分别饱和的环境下的循环伏安与线性伏安曲线（电势与电流关系曲线），图中各典型峰与区域已标注，对氧还原电化学循环伏安实验数据的处理及分析如图 4.8 所示。

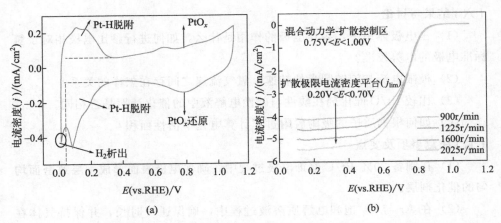

(a)

(b)

图 4.8 Ar 及 O$_2$ 分别饱和的 0.1mol/L HClO$_4$ 溶液中 20％ Pt/C
催化剂的循环伏安及线性伏安曲线（彩图见文前）

(a) Ar 饱和的 0.1mol/L HClO$_4$ 中循环伏安曲线，扫速：10mV/s；(b) O$_2$ 饱和
的 0.1mol/L HClO$_4$ 中线性伏安曲线，扫速：10mV/s

（2）电化学氧还原电子转移数以及过氧化氢（H_2O_2）产率的计算：

$$n = \frac{4I_D}{I_D + (I_R + N)}$$

$$产率_{H_2O_2}\% = \frac{2I_R/N}{I_D + (I_R/N)} \times 100\%$$

式中，n 为电子转移数目；I_D 为盘电极上的电流；I_R 为环电极上的电流；N 为环盘电极过氧化氢的收集效率（本实验中采用的环盘电极过氧化氢的收集效率为 37%）。

氧还原电子转移数还可以通过 Koutechy-Levich 方程进行计算，具体过程如下：

$$\frac{1}{j} = \frac{1}{j_L} + \frac{1}{j_K} = \frac{1}{Bw^{1/2}} + \frac{1}{j_K}$$

$$B = 0.62nFC_0D_0^{2/3}v^{1/6}$$

式中，j 为实验所测量的电流密度；j_K 为动力学电流密度；j_L 为极限电流密度；w 为旋转杆的旋转圆频率（$w = 2\pi f/60$，f 为旋转速度）；F 为法拉第常数，96485C/mol；C_0 为饱和时氧气在溶液中的溶解度（在 0.1mol/L $HClO_4$ 与 0.1mol/L KOH 溶液中均为 1.2×10^{-3} mol/L）；D_0 为氧气扩散系数（在 0.1mol/L $HClO_4$ 中为 1.93×10^{-5} cm^2/s、0.1mol/L KOH 溶液中为 1.9×10^{-5} cm^2/s）；v 为动力学传质速率（在 0.1mol/L $HClO_4$ 与 0.1mol/L KOH 溶液中均为 0.01cm^2/s）。

（六）结果与讨论

（1）三电极体系中，参比电极的作用是什么，如何进行参比电极相对于氢标准电极的电势校准？

（2）极限电流与旋转圆盘的转速、氧气流速之间存在怎样的关系？

（3）比较 Pt/C 催化剂在酸性与碱性电解液中的催化活性是否相同。

（4）如何根据质子的吸附脱附过程计算电化学活性面积？

（七）注意事项及要点

（1）在制备 20% Pt/C 修饰电极过程中，确保电极表面形成一层致密而均匀的催化剂层。

（2）在 Ar 与 O_2 饱和电解质溶液过程中，确保通气时长，并保持气体在实验过程中以固定流速均匀通入电解液，且不影响循环伏安曲线。

（3）计算氧还原电子转移数等参数，首先扣除背景电流，以确保计算电流为氧还原的净法拉第电流。

（八）参考文献

[1] Garsany Y, Baturina O A, Swider-Lyons K E. Experimental methods for quantifying the activity of

platinum electrocatalysts for the oxygen reduction reaction. Anal Chem, 2010, 82 (15): 6321.

[2] Wang S Y, Yu D S, Dai L M. Polyelectrolyte functionalized carbon nanotubes as efficient metal-free electrocatalysts for oxygen reduction. J Am Chem Soc, 2011, 133 (14): 5182.

[3] Jirkovsky J S, Halasa M, Schiffrin D J. Kinetics of electrocatalytic reduction of oxygen and hydrogen peroxide on dispersed gold nanoparticles. Phys Chem Chem Phys, 2010, 12: 8042.

【实验4.4】 葡萄糖氧化酶电极的制备及血糖检测

(一)实验目的

(1) 了解血糖分析在糖尿病管理中的应用价值。

(2) 熟悉酶法测定血糖的基本工作原理与特点。

(3) 掌握葡萄糖氧化酶电极的制备及血糖测定。

(二)实验原理

糖尿病是一组由多病因引起的以持续性高血糖为特征的慢性代谢性疾病。糖尿病及其并发症(如心脏病发作、中风、肾衰竭、糖尿病足、白内障、失明和神经损伤等)严重影响着全球数亿人口的健康与生活质量,已成为世界性严重公共卫生问题。国际糖尿病联盟(IDF)报告显示,2021年我国20～79岁年龄段成年人糖尿病患病人数约为1.41亿(患病率高达13%),已成为全球糖尿病患病人数最多的国家;与此同时,由于不健康的饮食习惯等因素,我国糖尿病患病人数仍在持续快速增长,预计到2045年该年龄段糖尿病患者人数将超过1.74亿。糖尿病目前尚无根治手段,一经确诊,需终身治疗。现阶段,血糖(即血液中的葡萄糖)监测是糖尿病管理的一个重要手段。

健康成年人空腹血糖水平的正常范围为3.9～6.1mmol/L(70～110mg/L)。血糖测定的常规方法主要包括己糖激酶(HK)法、葡萄糖脱氢酶(GDH)法、葡萄糖氧化酶(GOD)法等,它们的相关原理概述如下:

己糖激酶(HK)法的基本原理为:在HK的催化下,葡萄糖和三磷酸腺苷(ATP)反应生成葡萄糖-6-磷酸(G-6-P)和二磷酸腺苷(ADP),前者在葡萄糖-6-磷酸脱氢酶(G-6-PDH)催化下脱氢生成6-磷酸葡萄糖酸(6-GP),同时使氧化型辅酶烟酰胺腺嘌呤二核苷酸(NAD^+)或烟酰胺腺嘌呤二核苷酸磷酸($NADP^+$)还原生成还原型辅酶NAD(P)H,其在340nm有特征吸收峰,且吸收强度与血糖含量成正比。HK法具有特异性高、抗干扰能力强、精密度高、准确度高等优点,且轻度溶血、脂血、黄疸、维生素C、肝素、EDTA和草酸盐等均不干扰测定,适用于全自动生化分析仪。

葡萄糖脱氢酶(GDH)法的基本原理为:在GDH的催化下,葡萄糖和$NAD(P)^+$反应生成葡萄糖酸和NAD(P)H,进而可通过测量340nm处的吸收峰强度实现对血糖含量的定量分析。GDH法具有操作简便、灵敏度高、测量速度快、不受溶解氧干扰等优点,但由于血液中的麦芽糖、半乳糖、木糖等组分也会与GDH发生反应,特异性较差,且易产生假阳性结果(检测结果偏高)。

根据检测技术的不同，葡萄糖氧化酶（GOD）法可分为化学比色法和电化学法两大类。其中，化学比色法的基本原理为：在氧气存在的情况下，葡萄糖经 GOD 催化氧化产生葡萄糖酸与过氧化氢（图 4.9），后者与苯酚及 4-氨基安替吡啉经由辣根过氧化物酶（HRP）催化氧化产生红色的醌亚胺类化合物（Trinder 反应），且在 505nm 处有特征吸收峰。电化学酶法检测血糖的技术，亦称葡萄糖氧化酶电极法，可分为 3 代：在第一代中，电极表面的 GOD 催化葡萄糖与氧气反应生成葡萄糖酸与 H_2O_2，进而可通过测定氧的消耗量或者 H_2O_2 的生成量来间接测定葡萄糖的含量，检测结果易受溶解氧含量的影响；在第二代中，利用二茂铁、亚铁氰化物、导电有机盐、醌类等电子传递媒介体代替氧气作为电子受体，克服了第一代葡萄糖氧化酶电极受溶解氧限制的缺点，但是电子传递媒介体容易从酶层扩散出来进入底物溶液中，影响葡萄糖氧化酶电极的稳定性；与前两代相比，第三代葡萄糖氧化酶电极无须额外补充电子受体，而是将酶直接固定于修饰电极上，使酶的活性位点与电极接近，直接进行电子传递从而提高酶电极的灵敏度和选择性，然而其电子传递速率仍然有限。常见家用血糖仪的工作原理如图 4.10 所示：血液中的葡萄糖与固定在试纸条上的 GOD 及铁氰化钾反应，产生葡萄糖酸和亚铁氰化钾；血糖仪向试纸条施加一恒定的工作电压，使亚铁氰化钾氧化为铁氰化钾，产生的氧化电流大小与葡萄糖浓度成正比，血糖仪记录氧化电流的大小，并换算出葡萄糖的浓度。GOD 法具有特异性高、样品消耗少、检测速度快等优点，但是检测结果易受维生素 C、尿酸、谷胱甘肽等还原性物质的干扰，且葡萄糖氧化酶电极的保存需要一定的条件；此外，葡萄糖有 α-D-葡萄糖和 β-D-葡萄糖两种构型（含量各占 36％和 64％），但 GOD 仅能催化氧化 β-D-葡萄糖。

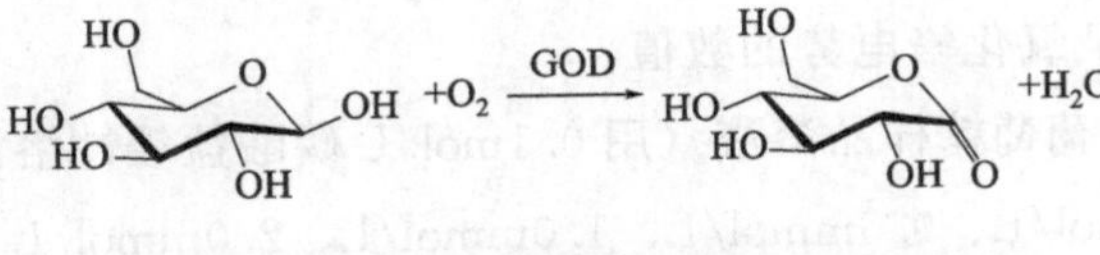

图 4.9　葡萄糖氧化酶对葡萄糖的催化氧化过程

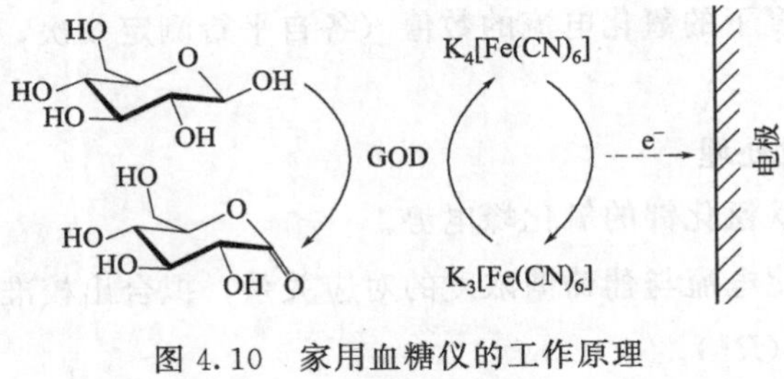

图 4.10　家用血糖仪的工作原理

（三）仪器与试剂

（1）仪器与耗材：电化学分析仪、恒温箱、分析天平、超声波清洗仪、磁力搅拌器、pH 计、微量移液器、丝网印刷电极（SPE，其中参比电极为 Ag/AgCl 电极）、烧杯、量筒、离心管等。

（2）试剂：葡萄糖氧化酶、葡萄糖（分析纯）、铁氰化钾（分析纯）、亚铁氰化钾（分析纯）、磷酸二氢钾（分析纯）、磷酸氢二钾（分析纯）、氯化钾（分析纯）、聚环氧乙烷（PEO，300K）、羟乙基纤维素（Natrosol，250M）、无水乙醇、超纯水、高纯氮气等。

（四）实验步骤

（1）配制 0.1mol/L 磷酸盐缓冲溶液（pH 7.0，含 0.1mol/L 氯化钾）。

（2）称取 0.5g 聚环氧乙烷和 0.5g 羟乙基纤维素，加入 0.1mol/L 磷酸盐缓冲溶液配成 85mL 溶液，搅拌至溶解后进一步加入 0.1mol/L 磷酸盐缓冲溶液并定容至 100mL，搅拌至聚合物完全溶解。

（3）取适量上一步所配制溶液，加入铁氰化钾（最终浓度为 0.2mol/L），混合均匀后进一步加入葡萄糖氧化酶（最终浓度为 100U/mL），用移液器反复吸取混匀。

（4）将 SPE 表面依次用无水乙醇和超纯水反复冲洗 3 次，并用氮气吹干。随后，用移液器将上一步所配制溶液滴加到 SPE 的工作电极表面（约 2.0μL/cm²），并将电极置于 40℃恒温箱中干燥 2.0min 备用。

（5）借助于循环伏安法 [CV，初始/低/终止电位均为 −0.3V（vs. Ag/AgCl），高电位为 0.6V（vs. Ag/AgCl），扫速为 0.1V/s，静止时间为 15s] 考察 10mmol/L 亚铁氰化钾溶液（用 0.1mol/L 磷酸盐缓冲溶液配制）的氧化还原性质，并记录氧化峰电势的数值。

（6）将 50μL 葡萄糖样品溶液（用 0.1mol/L 磷酸盐缓冲溶液配制，葡萄糖浓度分别为 0mmol/L、0.5mmol/L、1.0mmol/L、2.0mmol/L 和 4.0mmol/L）滴加到 SPE 上（注意，需使溶液同时覆盖住工作电极、Ag/AgCl 参比电极和对电极），37℃下放置 10min，随后施加上一步氧化峰电势所对应的电压，记录不同葡萄糖浓度下的氧化电流的数值（各自平行测定 3 次，以考察检测结果的重现性）。

（五）实验数据及处理

（1）确定亚铁氰化钾的氧化峰电势。

（2）根据氧化电流与葡萄糖浓度的对应关系，拟合出校准曲线并求算线性方程及相关系数（R^2）。

(六) 结果与讨论

(1) 葡萄糖氧化酶法测定血糖浓度的结果是偏高还是偏低？

(2) 维生素 C 等还原性物质对葡萄糖氧化酶电极法的测定结果有何影响？

(3) 氯化钾浓度对 Ag/AgCl 参比电极电势以及峰电势有何影响？

(七) 注意事项及要点

(1) 空腹血糖是指在隔夜空腹（至少 8～10h 未进任何食物，饮水除外）后，早餐前采的血所检测的血糖值。

(2) 血糖检测的数值不会每次都一样，一般要求误差不超过±20％。

(3) 葡萄糖溶液配制完后需放置 2h 以上，以使 α-D-葡萄糖和 β-D-葡萄糖两种构型达到平衡状态。

(八) 参考文献

[1] Williams D L, Doig A R, Korosi A. Electrochemical-enzymatic analysis of blood glucose and lactate. Anal Chem, 1970, 42 (1)：118-121.

[2] Schläpfer P, Mindt W, Racine P H. Electrochemical measurement of glucose using various electron acceptors. Clin Chim Acta, 1974, 57 (3)：283-289.

[3] Mor J R, Guarnaccia R. Assay of glucose using an electrochemical enzymatic sensor. Anal Biochem, 1977, 79 (1-2)：319-328.

[4] Chen P T, Chen S S H. Redox electrode for monitoring oxidase-catalyzed reactions. Clin Chim Acta, 1990, 193 (3)：187-192.

【实验 4.5】 超级电容器的电化学表征技术方法

(一) 实验目的
(1) 学习超级电容器储能机理。
(2) 学习超级电容器测量技术方法。
(3) 学习超级电容器电容量计算方法。
(4) 学习超级电容器能量密度和功率密度计算方法。

(二) 实验原理
超级电容器相较传统电容器具有更高的能量密度，相较电池具有更高的功率密度，是一种新型功率型电化学储能器件，具有充放电时间短、使用寿命长、安全性能好、使用温度范围宽等优点。超级电容器已作为备用电源、功率电源、能量回收系统被广泛应用于消费电子、轨道交通、新能源发电、智能电网、工业装备以及国防军工等领域。

超级电容器主要由正负电极、电解液和隔膜构成，电极材料具备高比表面积的特性，隔膜一般为纤维结构的电子绝缘材料，电解液可分为水溶液电解质、有机液体电解质和离子液体电解质。按工作原理超级电容可分为三类，同时以双电层电容储能机制的活性材料为正负电极组装成的对称型超级电容器，分别以双电层电容储能机制的活性材料和可逆的法拉第反应的赝电容储能机制的活性材料为两电极组装成的非对称型超级电容器，分别以双电层电容储能机制的活性材料和氧化还原反应储能机制的电池材料为两电极组装成的混合型超级电容器 (图 4.11)。其中，双电层对称型超级电容器是目前市场主流的超级电容类型，具备更高能量密度的非对称型超级电容器和混合型超级电容器正在成为重要研究与发展方向。

双电层电容的电化学储能机理是一个纯净电荷吸附脱附的过程，在正负电极之间施加一个小于电解质溶液分解电压的电压，那么，这时电解液中的正、负离子在电场的作用下会分别向负极和正极迅速运动，并分别在两电极的表面形成紧密的电荷层，即双电层，它所形成的双电层和传统电容器中的电介质在电场作用下产生的极化电荷相似，从而产生电容效应。在这一过程中，单层溶剂分子会在电极材料表面和电解液界面把两侧的电荷分隔开，没有电荷穿过双电层，不会发生任何的氧化还原过程。双电层电容器的电极通常由各种形式的碳材料制成，具有极高的比表面积，如活性炭、石墨烯和碳纳米管等，因此，双层电容器的电容远高于传统电容器。本节实验通过对商业化成熟的双电层对称型超级电容器的电化学性能进行表征，其主要考察参数为超级电容器电压窗

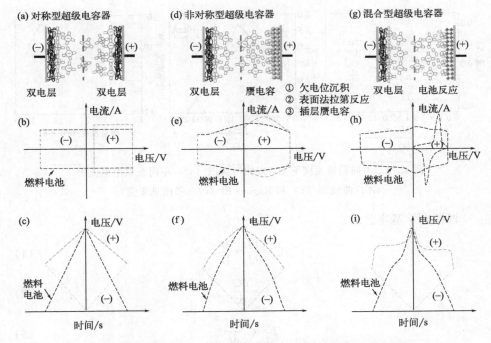

图 4.11　对称型超级电容器、非对称型超级电容器和混合型超级
电容器的工作原理、典型 CV 和 GCD 曲线示意图

口、电容量、能量密度及功率密度等。

(三) 仪器与材料

　　(1) 仪器：电化学分析仪。

　　(2) 材料：市售 2.7V 超级电容器。

(四) 实验步骤

　　(1) 设置起始电压 0V，最高电压 2.7V (U_2)，最低电压 0V (U_1)。

　　(2) 设置不同扫描速度 0.005V/s、0.01V/s、0.02V/s、0.03V/s、0.04V/s、0.05V/s，运行循环伏安测量。

　　(3) 设置最高电压 2.7V (U_2)，最低电压 0V (U_1)。

　　(4) 设置不同充放电电流 0.01A、0.02A、0.03A、0.04A、0.05A，运行恒电流充放电测量。

(五) 实验数据处理

　　(1) 根据循环伏安测量结果，得到不同扫描速度下 CV 曲线图。

　　(2) 根据 CV 曲线，计算不同扫描速度的电容量 (C_{CV}，F)，制作扫描速度 (v，mV/s) 和 C_{CV} 的关系图 (图 4.12)。

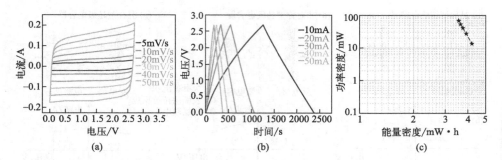

图 4.12　不同扫描速度下 CV 曲线示意图（a），不同充放电电流下
GCD 曲线图（b）和 Ragone 图（c）（彩图见文前）

根据电学基本公式：

$$C = \frac{Q}{U} = \frac{It}{U} \tag{1}$$

$$I = \frac{dQ}{dt} \tag{2}$$

$$I = C\frac{dU}{dt} \tag{3}$$

式中，I 为电流，A；Q 为电量，C；U 为电压，V；t 为时间，s。

在电化学分析仪中，dU/dt 即为循环伏安测量中的扫描速度，由式(3)可知，在 v 一定的条件下，电极上通过的电流（I）和电容量（C）成正比关系。因此，根据 CV 曲线的积分面积即可计算出电极材料的电容量：

$$C_{CV} = \frac{\int_{U_1}^{U_2} Q/\Delta U \, dU}{U_2 - U_1} = \frac{\int_{U_1}^{U_2} I/v \, dU}{U_2 - U_1} = \frac{\int_{U_1}^{U_2} I/dU}{v(U_2 - U_1)} \tag{4}$$

（3）根据恒电流充放电测量结果，得到不同充放电电流下 GCD 曲线图。

（4）根据 GCD 曲线，计算不同放电电流下的放电电容量（C_{GCD}），制作放电电流（i）和 C_{GCD} 的关系图。

$$C_{GCD} = \frac{i\Delta t}{U_2 - U_1} \tag{5}$$

式中，i 为放电电流，A；Δt 为放电时间，s。

（5）根据 C_{GCD} 计算超级电容器能量密度（E，mW·h）和功率密度（P，mW），制作功率密度和能量密度关系图（Ragone 图）。

$$E = \frac{1}{2}C_{GCD}(U_2 - U_1)^2 \tag{6}$$

$$P = E/\Delta t \tag{7}$$

（六）结果与讨论

（1）双电层机制、赝电容反应机制和电池反应机制有何区别？

（2）为什么随着扫描速度和充放电电流的增大，超级电容器的电容量逐渐下降？

（3）如何提高双电层超级电容器的电容量和能量密度？

（七）注意事项及要点

（1）在将电极材料、镊子、铣子等工具带进手套箱之前，需要进行充分干燥。

（2）将上述实验耗材放进小仓里后，需要反复抽真空和清洗 3 次以上，保证没有空气残留。

（3）进入手套箱以后，首先戴上手套，然后在使用手套箱的时候，要格外注意，不允许使用尖锐实验用品以免扎破手套。

（八）参考文献

[1] Zhu Y, Murali S, Stoller M D, et al. Carbon-based supercapacitors produced by activation of graphene. Science, 2011, 332: 1537-1541.

[2] Shao Y L, El-Kady M F, Sun J Y, et al. Design and mechanisms of asymmetric supercapacitors. Chem Rev, 2018, 118 (18): 9233-9280.

[3] Simon P, Gogotsi Y, Dunn B. Where do batteries end and supercapacitors begin? Science, 2014, 343: 1210-1211.

【实验4.6】 商业化锂离子电池的电化学表征技术方法

（一）实验目的

(1) 了解商业化锂离子电池基本结构组成。

(2) 掌握商业化锂离子电池工作原理。

(3) 熟悉商业化锂离子电池测量技术方法。

(4) 理解影响商业化锂离子电池性能的因素。

（二）实验原理

与传统二次电池相比，锂离子电池的质量比能量和体积比能量高，约为镍氢电池的2倍；循环使用寿命长；工作电压高，通常工作电压为3.2V（磷酸铁锂）和3.7V（三元镍钴锰酸锂），约为镍氢和镍镉电池的3倍；使用温度范围宽，能在 -20~60℃之间工作，且高温下放电性能优良；无记忆效应，可随时进行充放电而不影响容量；自放电低，远低于镍氢和镍镉电池的自放电率；不含有重金属汞、铅、镉等有害有毒元素，环境友好。锂离子电池的缺点主要是成本较高，必须有保护电路，以防止过充电。

锂离子电池的主要原材料包括正极材料、负极材料、隔膜和电解液等，同时还包括导电剂、黏结剂、壳体、集流体和电极引出端子等通用辅助材料。锂离子电池的制造就是将这些原材料加工组装成电池的过程。

在锂离子电池充放电过程中，正极材料发生电化学氧化/还原反应，锂离子反复地在材料中嵌入和脱出。锂离子电池正极材料种类繁多，常见的正极材料主要有钴酸锂（$LiCoO_2$）、锰酸锂（$LiMn_2O_4$）、磷酸铁锂（$LiFePO_4$）和三元镍钴锰酸锂。当前市场使用最多的是磷酸铁锂和三元材料。

在锂离子电池充放电过程中，锂离子反复地在负极材料中嵌入和脱出，发生电化学氧化/还原反应。为了保证良好的电化学性能，对负极材料一般具有如下的要求：

① 锂离子嵌入和脱出时电压较低，使电池具有高工作电压；

② 质量比容量和体积比容量较高，使电池具有高能量密度；

③ 主体结构稳定，表面形成的固体电解质界面（SEI）膜稳定，使电池具有良好循环性能；

④ 表面积小，不可逆损失小，使电池具有高充电效率。

⑤ 具有良好的离子和电子导电能力，有利于减少极化，使电池具有大功率特性和容量。

电解质是电池的重要组成部分之一，是在电池内部正、负极之间起到建立离子导电通道，同时阻隔电子导电的物质，因为锂离子电池的电化学性能与电解质的性质密切相关。锂离子电池通常采用有机电解质，稳定性好，电化学窗口宽，工作电压通常比使用水溶液电解质的电池高出 1 倍以上，接近 4V 左右。这些特性使锂离子电池具备了高电压和高比能量的性质。但是有机电解质导电性不高，热稳定性差，导致锂离子电池存在安全隐患。

要保证锂离子电池具有良好的电化学性能和安全性能，电解质体系需要具备如下特点：

① 在较宽的温度范围内，锂离子电导率高、锂离子迁移数大，减少电池在充放电过程中的浓差极化，提高倍率性能。

② 热稳定性好，保证电池在合适温度范围内使用。

③ 电化学窗口宽，最好具有 0～5V 的电化学稳定窗口。

④ 电化学性质稳定，保证电解质在两极不发生显著的副反应，满足在电化学过程中电极反应的单一性。

⑤ 电解质代替隔膜使用时，还要具有良好的力学性能和可加工性能。

⑥ 安全性好，闪点高或不燃烧。

⑦ 价格成本低，无毒物污染，不会对环境造成危害。

锂离子电池的充放电过程（图 4.13），就是锂离子的嵌入和脱出过程。在锂离子的嵌入和脱出过程中，同时伴随着与锂离子等当量电子的嵌入和脱出（习惯上正极用嵌入或脱出表示，而负极用插入或脱出表示）。在充放电过程中，锂离子在正、负极之间往返嵌入/脱出和插入/脱出，被形象地称为"摇椅电池"。

 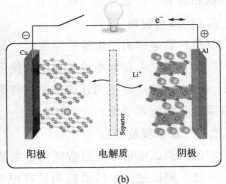

(a)   (b)

图 4.13　柱状 18650 商业化锂离子电池（a）和锂离子电池充放电原理（b）

当对电池进行充电时，电池的正极上有锂离子生成，生成的锂离子经过电解液运动到负极。而作为负极的碳呈层状结构，它有很多微孔，到达负极的锂离子就嵌入碳层的微孔中，嵌入的锂离子越多，充电容量越高。同样，当对电池进行放电时（即我们使用电池的过程），嵌在负极碳层中的锂离子脱出，又运动回正极。回正极的锂离子越多，放电容量越大。

（三）仪器与材料

（1）仪器：新威尔或者蓝电电池测试系统，电化学工作站。

（2）材料：18650 圆柱锂离子电池。

（四）实验步骤

（1）将电池按照正负极顺序夹在电池测试系统上，设置电池测试工步：搁置 10h，0.1C 电流密度恒电流充电至 4.2V，搁置 1min，0.1C 电流密度恒电流放电至 2.0V，从第 2 工步开始循环 100 次，其他电流密度对应电池容量测试与之类似。

（2）将电池正极端夹在电化学工作站工作电极侧，将负极端夹在对电极和参比电极一侧，设置电压区间 4.2～2.0V，扫描速度 0.1mV/s，扫描圈数 3 圈，进行循环伏安测量。

（3）将电池按照正负极顺序夹在电池测试系统上，设置电池测试工步：搁置 10h，0.05C 电流密度恒电流充电 30min，搁置 2h，继续充电 30min，搁置 2h，直到充电至 4.2V。再以 0.05C 电流密度恒电流放电 30min，搁置 2h，继续放电 30min，搁置 2h，直到放电至 2.0V，测试结束。

（五）实验数据处理

根据电池充放电曲线、循环伏安测量以及恒电流间歇滴定技术结果，利用 Origin 绘图软件，得到不同电流密度下的充放电曲线、不同扫描速度下 CV 曲线图和锂离子扩散系数（图 4.14）。

（六）结果与讨论

（1）影响锂离子电池放电容量、循环稳定性的因素有哪些？

（2）为什么在寒冷地区电池的使用时间明显缩短？

（3）目前商业化的锂离子电池有哪些缺点或者不足之处？解决上述问题可以采取哪些技术手段？

（七）注意事项及要点

（1）测试前请注意检查锂离子电池是否有漏液或鼓包。

（2）测试过程中的最低和最高电压分别不能低于 2V 和高于 4.2V，否则会导致锂离子过分脱出和电解液分解，造成锂离子电池损坏。

（八）参考文献

［1］ Heenan T M M, Mombrini I, Llewellyn A, et al. Mapping internal temperatures during high-rate battery applications. Nature, 2023, 617: 507-512.

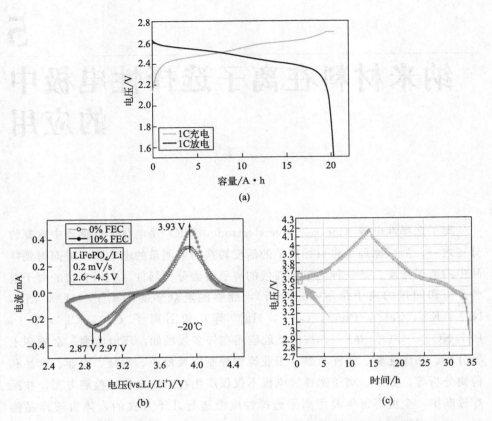

图 4.14 充放电曲线（a）、循环伏安曲线（b）和恒电流间歇滴定曲线（c）

[2] Zhang J，Zhang H，Weng S，et al. Multifunctional solvent molecule design enables high-voltage Li-ion batteries. Nat Commun，2023，14：2211.

5

纳米材料在离子选择性电极中的应用

  离子选择性电极（ion-selective electrode，ISE）是电化学传感器中重要的分支之一，测试原理是将目标离子的活度转换为可测量的电动势，进而得到样品中的离子浓度，是一种简单且高效的离子检测分析器件（包括直接的离子电势分析和间接的离子指示滴定分析），能够测定众多的阳离子（H^+，Li^+，Na^+，K^+，Ca^{2+}，Pb^{2+}，Cd^{2+}，Hg^{2+} 等）和阴离子（F^-，Cl^-，Br^-，I^-，NO_3^-，ClO_4^- 等）[1]，被广泛地应用在许多领域如：环境监测、水质和土壤分析、临床化验、海洋考察、工业流程控制以及地质、冶金、农业、食品和药物分析等。如今，离子选择性电极不仅仅应用在对污染物的检测方面，在医疗诊断中，全世界每年要用离子选择性电极进行几千万次的人体血液样品测量，其应用频率在医疗诊断领域占据很大比例，目前已有实时远程分析监测和诊断人体健康状况的无线可穿戴设备，它的优点是减少了使用诊疗设备在诊断过程中的消费，避免了人工抽取样品，提高了在监测方面的时间和空间效率，可以启用身体健康状况预先报警系统[2]。因此，高性能离子选择性电极的制备和研究具有重大的科学意义和社会价值。但是，仅有一部分离子选择性电极设备能达到在实际生活的检测适用条件。原因如下：传感界面的长期稳定性不足，样品溶液中的其他离子的干扰，目标离子的浓度太低，以及在长期的使用中避免电势出现漂移保证电势的稳定性以及重现性等[2d]。离子选择性电极的测量是将化学性质稳定同时又有稳定电极电势的参比电极通过液接溶液来接触样品溶液。电势信号的形成是由于离子选择性膜和样品溶液之间离子种类的选择性分区而形成电荷的分离[3]。

  20 世纪初，Crema 发现玻璃膜两侧电势的不同可反映出不同的 H^+ 活度，人们开启了对离子选择性电极的研究。20 世纪 30 年代，第一支离子选择性电极——玻璃电极的出现，使人们对它的研究开始逐渐广泛和深入，时至今日其应用也很广泛。20 世纪 60 年代至 70 年代，离子选择性电极的研究取得了重大突破，具有代表性的研究有：卤化银薄膜的离子选择性电极；氧化锌对可燃性气体的选择性应答；以及现代载基离子选择性电极和流动离子交换剂膜的概念的产生，为离子选择性电极的研究工作开启了新局面[4]。这类电极通常被称为液接离子选择性电极，由离子选择性膜、内参比溶液和内参比电极以及电极腔体四部分组成。

时至今日，液接离子选择性电极发展相对成熟而且应用广泛。但是，当离子选择性膜置于样品溶液中时，和参比液间会出现跨膜的离子流，并且在离子选择性膜内产生扩散电势，跨膜离子流根据浓度的不同而导致离子在内部电解质和样品溶液之间的迁移，从而影响测试结果[5]。参比液渗漏的问题干扰着痕量分析的准确性，通常这类电极的检出限一般仅在微摩尔，同时由于内参比液的存在，电极微型化及贮存方面也遇到了很多困难。基于上述缺点，将传感部分转变为固态电极即全固态离子选择性电极成为一大研究趋势，固态电极研究的核心问题是材料问题。

纳米材料是指在三维空间中至少有一维处于纳米（1～100nm）尺度范围或由它们作为基本单元构成的材料。由于它的尺寸已经接近电子的相干长度，因为强相干所带来的自组织使得其性质发生很大变化。并且，它的尺度已接近光的波长，加上具有大比表面积的特殊效应，因此其所表现出如熔点、导电、导热、磁性、光学等特性，往往不同于该物质在整体状态时所表现出的性质。由于具有特殊的量子尺寸效应、表面效应、体积效应及宏观量子隧道效应等特性，纳米材料在各个领域得到广泛应用，特别为全固态离子选择性电极的发展提供了契机。原因如下：①纳米材料巨大比表面所产生的双电层电容避免了固接层/膜界面的极化，增强了离子传感器的稳定性；②良好的导电性提高了界面上离子、电子传导能力；③疏水性纳米材料作为固态转接层可以有效地防止水层的产生，延长电极的使用稳定性和寿命；④全固态的结构非常有利于微型化电极的制备。此外，还能够有效提高离子选择性电极的机械强度，使其适用于低温、高压等特殊的环境优势，因而受到了广泛关注。

相对于传统的液接离子选择性电极，全固态离子选择性电极有许多优势，贮存方便、易维护、不受外界压强影响、低检测限、受温度影响小、可微型化制备等等，目前已成为离子选择性电极一个重要的研究方向。全固态离子选择性电极是1971年由Cattrall首次提出的，最初被称为覆丝电极，这种电极的结构非常简单，仅用一根铂丝代替了传统液接离子选择性电极的内参比溶液和内参比电极。但是由于覆丝电极的面积和电容较小，离子电子转换效率低，因此这类电极的电势稳定性较差[6]。除此之外，在导电基底和离子选择性膜之间水层的产生也影响着电极电势的稳定性。为了可以克服这些问题，研究者尝试在导电基底和离子选择性膜中间加入一种具有大电容，能进行离子和电子之间的信号转换，且疏水的材料。这类材料组成的固态转接层，是稳定全固态离子选择性电极的重要组成部分，其性能影响着固态离子选择性电极的稳定性、重现性、检测限等参数。固态转接层材料需要满足以下条件：①具有可逆的离子信号传导和电子信号传导的转化；②具有良好的疏水性来消除水层的干扰；③具有优良的化学稳定性，不与溶液中的物质发生反应，如有机分子、O_2、CO_2等；④具有大的比电容，能够提供一个理想的不可极化界面，具有高自交换电流密度[7]。许多具有离子-电子传导性能的电化学材料被用作固态转接层，如 Ag/AgCl[8]、水凝胶[9]、氧化还原聚合物[10]、自组装单层膜[11]以及碳基材料[12]等。根据固态转接层材料不同，可以将固态转接层分为：高比表面积的纳米结构材料固态转接层、导电聚合类固态转接层、离子敏感膜中掺杂有氧化还原体的膜固态转接方式、涂层离子选择性电极的伪固接方式，如图 5.1 所示[13]。

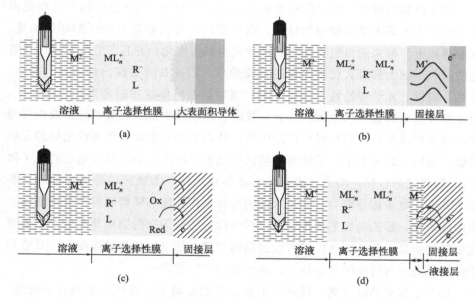

图 5.1　固接离子选择性电极的几种典型固接方式

（a）高比表面积、大双电层电容结构材料固接转换层；（b）氧化还原导电聚合类固接；
（c）离子选择性膜中掺杂有氧化还原体的膜固接方式；（d）涂层离子选择性电极的
伪固接方式（离子敏感膜与导电基底间存在显著的水层）[13]

　　这里主要介绍几类典型的纳米材料如导电聚合物材料、碳纳米材料、金属纳米材料以及上述三种材料的混合材料，还有其他的材料，被应用到离子选择性电极的制备，并展示出优异的电化学性能。

5.1 碳纳米材料

碳材料以其具有优良的导电性以及大的比表面积性质开始引起科研研究者的注意，这类材料具有很大的比表面积和良好的疏水性以及优良的通透性和强导电性，同时其化学惰性使得所构建的电极对外界干扰不敏感。几十年的发展到如今已经可以十分方便地调控孔隙结构，控制其表面积以及形貌，广泛地应用在能源存储、离子传感、催化剂载体、水和空气的净化等方面。

5.1.1 多孔碳纳米材料

多孔碳材料内含丰富的孔隙通道，其孔径分布和形貌结构均可调控，在环境和能源领域备受科研人员的关注。传统的多孔碳材料，如活性炭和活性炭纤维具有强的吸附能力，但内部的微孔通道并不利于大分子的进入与快速逸出。为促进物质扩散和提高反应速率，扩大孔径及获得分等级的孔道结构，合成新型多孔碳纳米材料已成为现在的主要研究方向。

5.1.1.1 三维有序大孔碳纳米材料

三维有序大孔碳的特殊孔道结构，在环境保护、新型能源转化和储存方面得到广泛运用，主要包括吸附分离、光催化、太阳能电池、燃料电池、锂离子电池、超级电容器、电化学传感器等方面。制备方法主要有胶晶硬模板法（化学气相沉积法，浸渍法）以及双模板法。不同方法制备三维有序大孔碳的示意图如图 5.2(a) 所示[14]。

Philippe Bühlmann 等人用胶态晶体模板制备三维有序大孔碳纳米材料，用作固态转接层制备了 K^+ 选择性电极，如图 5.2(b) 所示。该电极展现了良好的长期稳定性，长期电势漂移仅在 $11.7\mu V/h$。其检测限在 $10^{-6.2}\,mol/L$，对 O_2 和光照不敏感，但是 CO_2 气体可对其产生干扰。长时间储存和使用过程中，由于大孔径碳材料孔径较大，会出现检测离子流失，导致其 Nernst 响应斜率随时间的变化逐渐下降[15]。随后该课题组以镍网为基底，以同样的三维多孔碳为固态转接层制备了低检测线 Ag^+ 选择性电极，检测限低至 $4.0\times 10^{-11}\,mol/L$ [图 5.2(c)][16]。由于其具有的确定的孔隙和网状结构所具有的高比表面积及大电容性质适合用于固态转接层，对电势起到稳定作用。良好的疏水性阻止了水层的形成，延长了电极的使用寿命[17]。

5.1.1.2 多孔碳微球

Niu 等人利用 sp^2 杂化的碳纳米微球作为固态转接层制备了一种 K^+ 选择性电极。如图 5.3 所示，制备原料为工业多巴胺、氨水等，经过高温煅烧得到粒径均一且多孔的碳纳米微球。碳微球薄膜对水的静态接触角达 $137°$，比电

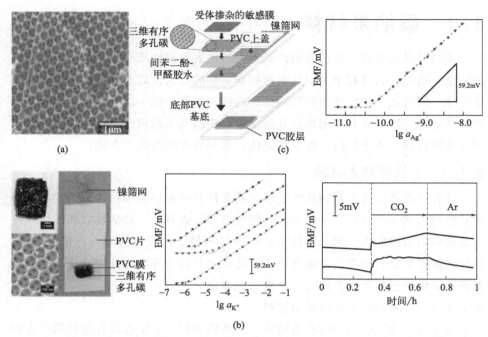

图 5.2　(a) 三维有序多孔碳材料的扫描电镜图[14]；(b) 三维有序多孔碳材料
作固态转接层的 K^+ 选择性电极图以及检测限和气体干扰检测[15]；(c) 三维有序
多孔碳材料作固态转接层的 Ag^+ 选择性电极图以及检测限测试[16]

容比石墨烯、碳纳米管（CNT）等同类碳材料高一个数量级，由于布满了微纳米孔因而具有很大的比表面积，是一种非常理想的固态转接层材料，基于碳纳米微球的全固态 K^+ 选择性电极的检测限为 10^{-6} mol/L，具有很好的长期稳定性，同时由于其良好的疏水性在测试过程中没有水层的形成，简单的合成方法有利于大批量生产[18]。

5.1.1.3　介孔碳

介孔碳材料是指有序或无序，宽或者窄分布着 $2\sim50$ nm 孔径的碳材料，其具有形貌可控、表面积大、热力学稳定、机械强度高、孔径分布统一并且孔径大小可控同时具有强吸附能力等优势。介孔碳材料导电性良好，所具有的大面积的相互交联的孔隙结构使其展现出巨大的表面积，在能源转化和贮存[19]以及电化学分析[20]方面应用广泛。

1999 年 Jinwoo Lee 等人和 RyongRyoo 等人首次合成出介孔碳材料首次模板碳化法并将其应用到电化学双电层电容器[21]。2012 年 Philippe Bühlmann 等人采用胶体印刷法合成了介孔碳材料并将其用作固态转接层制备了 K^+ 选择性电极。此方法合成的介孔碳半径为 24nm，具有很高的纯度（表面形成氧化

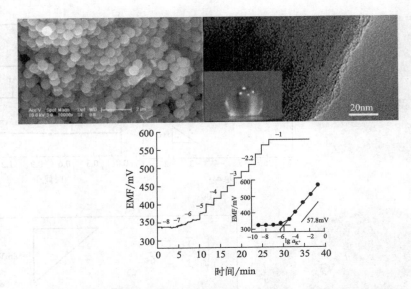

图 5.3　碳纳米微球固态转接层的制备以及表征、检测限测试[18]

还原官能团数量低），同时具有超疏水性。基于此材料的离子选择性电极检测范围为 $10^{-5.2} \sim 10^{-1.0}$ mol/L，具有良好的 Nernst 响应，对光照、O_2 以及 CO_2 的干扰不敏感，具有良好的长期稳定性，如图 5.4（a）所示[12a]。随后，该课题组在该方法合成的介孔碳材料中掺杂了适量的疏水离子液体和氧化还原电对制备了一次性 Cl^- 纸电极，如图 5.4（b）所示，该电极代替了传统的 Ag/AgCl 参比电极，消除了内参比溶液和液接电势[22]。

5.1.2　碳纳米管

碳纳米管（CNT）包括单壁碳纳米管（SWCNT）和多壁碳纳米管（MWCNT）材料，具备很高的比表面积，良好的电子传输能力，很高的疏水性以及化学稳定性，因此能够顺利实现离子-电子信号转化的功能。使用 CNT 构建离子传感器件的优势在于：①采用喷射涂层的方法将极其疏水的 CNT 修饰到电极界面上，相对于传统的固态化聚合物膜层修饰方法来说，将会更加致密、更加疏水，这种结构极大地阻碍了水层进入；②纯化的 CNT 中不含任何具有氧化还原能力的杂质，确保了交界电势的长期稳定性；③CNT 对光照更不敏感，适合一般条件下的使用和保存；④CNT 材料相对廉价，镀膜工艺也很简单，适合传感器的市场化生产。

Rius 等人首先将 SWCNT 作为固态转接层，如图 5.5（a）所示，利用其大电容性质来稳定电极电势，在随后的研究中还用 CNT 代替了离子选择性膜，将其用于对生物大分子、蛋白质等的检测中[23]。随后，他们将 MWCNT 用作

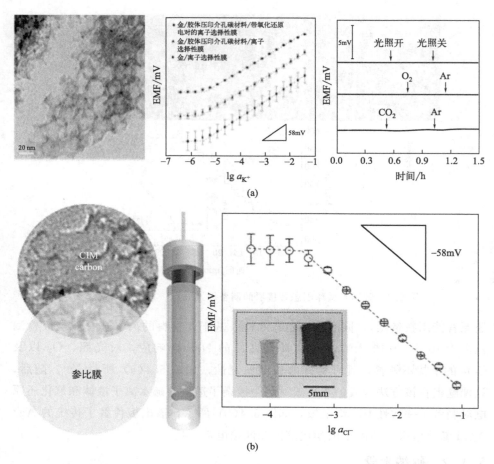

图 5.4 （a）胶体印刷介孔碳（CIM carbon）扫描电镜表征图及检测限和干扰测试[12a]；
（b）一次性 Cl⁻ 纸电极示意图及检测限测试[22]

固态转换层，制备了 ClO_4^- 选择性电极，其检测范围为 $10^{-6} \sim 10^{-2}\,mol/L$[24]。
利用喷涂法将 CNT 喷涂在导电基底上，在其上涂覆离子选择性膜，制备了一
种 Ca^{2+} 选择性电极，经过电化学测试其检测限为 $10^{-6}\,mol/L$[25]。之后，他们
将 CNT 和离子选择性膜混合成为一相，直接涂覆到电极基底制备了单片层的
全固态离子选择性电极，这类电极减小了电极基底与固态转接层之间的界面，
同时能够很好地稳定电极电势。

Andraded 等人在滤纸上涂敷 CNT，制备出了全固态 NH_4^+、K^+ 选择性电
极，经过电化学测试其检测限为 $10^{-5}\,mol/L$[26]。全固态离子选择性电极研究
不仅停留在实验室中，已有研究者将其植入服装并进行无缝连接或者制造便携
的可穿戴设备，实时目标离子检测。比如：对运动员的汗液成分监控从而确定

其身体状态，以及能检测人体机能的智能 T 恤等[27]。Andraded 等人就利用棉线作为柔性基底，传统化学法制备的 CNT 作为固态转接层制备了 K^+ 和 NH_4^+ 选择性电极[28]。如图 5.5(b) 所示，将棉线洗净烘干后浸泡在预先制备好的 CNT 溶液中，预处理烘干后，浸入 K^+ 选择性膜中，制备简单方便。这类电极与实验室制备的离子选择性电极的检测限类似，达到了 10^{-5} mol/L，导电效率良好，为今后智能衣物的设计提供了一种新方法。

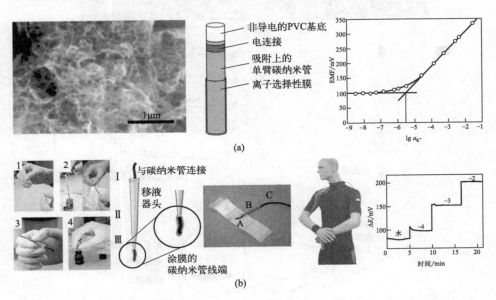

图 5.5　(a) SWCNT 扫描电镜图，以及 K^+ 全固态离子选择性电极示意图[23a]；
(b) 棉线上修饰 CNT 作为固态转接层的全固态离子选择性电极及其测试结果[28]

5.1.3　石墨烯

石墨烯是一个新型的二维碳纳米材料，有着独特的结构、电子、机械、光学、热学和化学性质。它在许多领域都有潜在的应用价值，比如纳米电子、传感器、纳米材料、电池和超级电容器等[22]。特别是 Stoller 等人首次研究了石墨烯的电容性质，证明石墨烯的电容在水相和有机相溶剂中可以分别达到 135F/g 和 99F/g[29]。另外，由于它们的制备成本低、电势窗口宽和电催化活性好等特点，石墨烯被广泛应用于电化学领域，典型的石墨烯形貌如图 5.6 (a) 所示。

Niu 等将石墨烯作为固态转接层制备了 K^+ 选择性电极，石墨烯的大电容性质有利于保持电极电势的稳定性，对 K^+ 的检测限在 10^{-5} mol/L，如图 5.6 (b) 所示。计时电势测试结果显示石墨烯滴涂或者沉积在导电基底之后，将

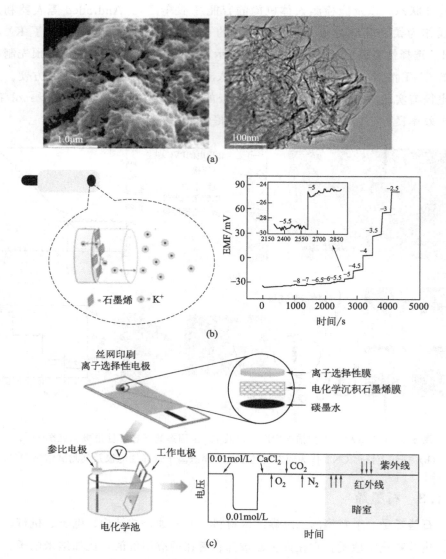

图 5.6 （a）石墨烯扫描电子显微镜和透射电子显微镜图；（b）石墨烯作固态转接层
K^+ 选择性电极示意图及检测限测试[30]；（c）石墨烯作固态转接层一次性 Ca^{2+}
选择性电极示意图及水层测试和光干扰测试[31]

通过离子选择性膜的离子转换成了电子。光照和在溶液中加入氧化还原电对，对其电势稳定性没有影响，在长时间的水层测试过程中也没有出现电势漂移[30]。Ping 等人利用丝网印刷技术制备了一次性离子芯片电极，将丝网印刷的石墨烯作为固态转接层，制备了一次性 Ca^{2+} 选择性电极[31]。利用电化学沉积的方法将石墨烯氧化物涂覆在丝网印刷电极表面，循环伏安曲线和电化学阻抗曲线均说明石墨烯薄膜修饰的电极具有大的双电层电容和快速的离子电子转移速率，检测限为 $10^{-5.8}$ mol/L，响应时间低于 10s。由于石墨烯良好的疏水性，在测试过程中没有水层的形成，有良好的长期稳定性，如图 5.6(c) 所示。F. Xavier Rius 等人将不同厚度的还原石墨烯膜用作固态转接层制备了全固态 Ca^{2+} 选择性电极，还原石墨烯与玻碳电极牢固的共价键相连，均匀覆盖，膜厚控制在 125nm 和 1500nm，电势漂移为 $10\mu V/h$。其相应机理是还原石墨烯用作大电容的不对称的电容器进行离子电子转换[32]。非共价功能化石墨烯作为固态转接层应用在了 Zn^{2+} 选择性电极的制备[33]。

5.1.4 富勒烯

富勒烯是一种拥有相对低能量 LUMO 轨道的氧化还原活性物质，是一种良好的电子受体。另外，富勒烯可以容纳一定数量的可逆电子并形成稳定的多阴离子中间体，可作为离子电子交换材料加入离子选择性电极之中。Nikos Chaniotakis 等人将 C_{60}^- 富勒烯作为固态转接层制备了 K^+ 选择性电极。C_{60}^- 富勒烯兼容的电子转移缓冲能力有助于全固态离子选择性电极电势稳定性的提高。电子在玻碳电极和 C_{60}^- 富勒烯固态转换层之间快速转移，同时离子透过离子选择性膜，C_{60}^- 富勒烯将离子信号转换为电子信号。检测限在 10^{-5} mol/L，相较于玻碳电极其电容有明显的提高，电化学测试结果表明，C_{60}^- 富勒烯固态转换层消除了信号稳定问题，如图 5.7 所示[34]。

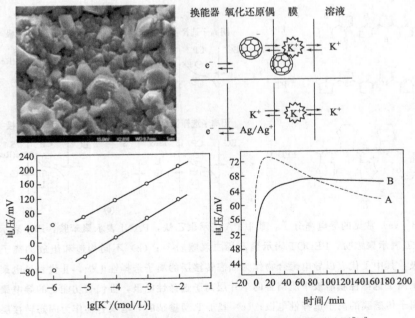

图 5.7 C_{60}^- 富勒烯扫描电镜、相应机理以及电化学测试图[34]

5.2　导电聚合物材料

　　导电聚合物（conducting polymer）又称导电高分子，是指通过掺杂等手段，能使得电导率在半导体和导体范围内的聚合物。通常指本征导电聚合物（intrinsic condcuting polymer），这一类聚合物主链上含有交替的单键和双键，从而形成了大的共轭 π 体系。π 电子的流动产生了导电的可能性。从导电机理的角度看，导电聚合物大致可分为两大类：第一类是复合型导电高分子材料，它是指在普通的聚合物中加入各种导电性填料而制成的；第二类是结构型导电高分子材料，它是指高分子本身或经过"掺杂"之后具有导电功能的一类材料。这类导电高分子一般为共轭型高聚物，1976 年掺杂聚乙炔的合成向人们展示出导电聚合物所具备的不同于其他材料的独特性质[35]。图 5.8（a）展示了常见的一些导电聚合物。

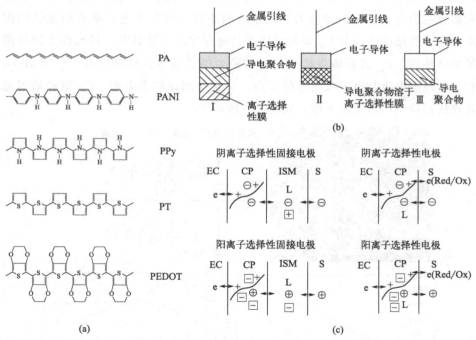

图 5.8 （a）常见的导电高分子，其中 PA 表示聚乙炔，PANI 表示聚苯胺，PPy 表示聚吡咯，PT 表示聚噻吩，PEDOT 表示聚乙烯二氧噻吩[7]；（b）不同构造和组成的离子选择性电极，其中Ⅰ代表以导电聚合物作为固态转接层的离子选择性电极，Ⅱ代表导电聚合物溶解于离子选择性膜溶液中所制备的单片层离子选择性电极，Ⅲ代表功能化的导电聚合物作为离子传感膜的离子选择性电极；（c）基于 P 型掺杂的导电聚合物作为固态转接层以及离子传感膜的离子选择性电极的工作机理[36]

导电聚合物在离子选择性电极中的应用主要分为两个方面：①导电聚合物作为固态转接层位于导电基底和离子选择性膜之间或者将导电聚合物加入含有离子载体的聚合物基离子选择性膜中制备成所谓的单片层全固态离子选择性电极 [图 5.8(b)]；②将具有选择性的离子识别物质直接加入导电聚合物中，导电聚合物既充当固态转接层也具有聚合物基质的作用，其离子电子转换机理如图 5.8(c) 所示。

5.2.1 导电聚合物作为固态转接层

从 20 世纪初开始，导电聚合物作为离子选择性电极的固态转接层材料得到广泛而深入的研究。导电聚合物作为固态转接层在全固态离子选择性电极中得到广泛应用，其原因主要有以下几点：①导电聚合物是一种电子导电材料，能够与其他高导电材料（如碳、金和铂等）形成欧姆接触；②导电聚合物能够通过电化学沉积很容易地沉积到电子导体上；③一些导电聚合物具有可溶性，能够从溶液中沉积出来；④导电聚合物是电活性材料，能够将固态中的离子信号转换成电子信号。这些性质使得导电聚合物成为固态离子选择性电极中最有潜力的固态转接层材料。目前人们主要的研究兴趣在于如何制备出性能更优异的导电聚合物，从而提高电极的检测限使电极能够达到纳摩尔甚至更高的灵敏度。本节主要介绍吡咯、噻吩和苯胺这三种导电聚合物及其派生物的电化学聚合和化学聚合作为固态转接层在离子选择性电极中的应用。

5.2.1.1 聚吡咯

聚吡咯作为固态转接层应用于全固态离子选择性电极始于 1992 年[37]。聚吡咯作为固态转接层起初人们研究的兴趣在于与其掺杂的各种物质对离子选择性电极的影响，并未从聚吡咯的粒径大小和形貌方面考虑其对电极的影响，当纳米材料成为科学家研究热潮时，人们对聚吡咯的研究方向逐渐开始变为如何合成纳米级别的聚吡咯，并以此改善所制备的离子选择性电极的性能。

聚吡咯掺杂氯离子以及掺杂铁氰根离子（Ⅱ）作为固态转接层用于全固态平面微型化氯离子选择性电极于 2002 年被报道[38]。Maj-Zurawska 等人将氯掺杂的聚吡咯和铁氰化钾掺杂的聚吡咯沉积到丝网印刷的微电极表面 [图 5.9(a)]，实验表明，铁氰化钾掺杂的聚吡咯比氯掺杂的聚吡咯有更好的离子响应信号以及更长的寿命。随后，Maj-Zurawska 又将聚吡咯掺杂钛试剂作为固态转接层被用于钙离子选择性电极[39]，所制备的离子选择性电极检测限可达到 $10^{-9}\,mol/L$。聚吡咯掺杂铁氰化物作为固态转接层制备的铅离子选择性电极在流动体系中测试也能得到相近的检测限[40]，而聚吡咯掺杂氯离子作为固态转接层的电极当采用阳极电流补偿时，其对氯离子的检测限可得到显著提高，这可能是由于聚吡咯的自放电行为，使得阳极电流补偿时能够补充从离子选择性膜中渗漏的氯离子[41]。

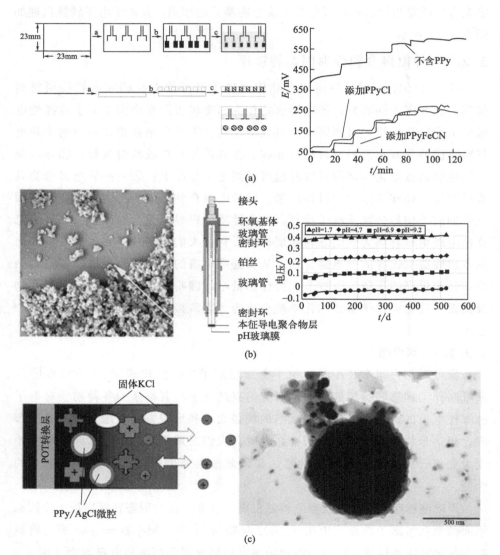

(a)

(b)

(c)

图 5.9 （a）聚吡咯掺杂氯离子以及掺杂铁氰根离子（Ⅱ）作为固态转接层所制备的全固态平面微型化氯离子选择性电极以及电势响应曲线[38]；（b）聚吡咯掺杂全氟磺酸的扫描电镜图、所制备的电极示意图以及 pH 响应曲线[44a]；（c）内含电解质的聚吡咯微胶囊制备的电极的机理图以及聚吡咯微胶囊的扫描电镜图[47]

四苯硼根作为掺杂剂能够实现离子在导电聚合物和聚合物基离子选择性膜界面的可逆传输，聚吡咯掺杂四苯硼根制备出的钾离子选择性电极表现出了优异的性能[42]。除氯离子和铁氰根离子外，Chung 等人还报道了聚吡咯与一些其他的无机阴离子（NO_3^-，ClO_4^-，丙酮）掺杂作为 pH 传感器时，电极电势的重现性得到显著的改善[43]。除此以外，Kaden 等人和 Vonau 等人将也聚吡咯与全氟磺酸掺杂作为固态转接层制备出了 pH 电极 ［图 5.9(b)］[44]。所掺杂的离子能够显著影响聚吡咯的物理化学性质，从而提高其作为固态转接层时离子选择性电极的分析性能[45]。

2010 年，Michalska 等人利用光引发聚合的方法合成了一种内含电解质的聚吡咯微胶囊，并以此作为固态转接层制备出全固态参比电极[46]。与传统的掺杂型导电聚合物比较，微胶囊形貌的聚吡咯作为固态转接层时能显著提高离子交换率，从而缩短响应时间。一年后，他们将 AgCl 和 KCl 粉末与等摩尔的离子交换剂加入聚吡咯微胶囊中 ［图 5.9(c)］，详细讨论了聚吡咯微胶囊中的微通道对提高电势稳定性所起的决定性作用[47]。

5.2.1.2　聚噻吩

相对于其他几种导电高分子而言，聚噻吩及其衍生物具有可溶性、电导率高、稳定性高等特点。聚 3-辛基噻吩（POT）是最先用于固态转接层的聚噻吩类材料[48]。Maj-Zurawska 等人将含有 POT 的离子选择性膜溶液滴涂在丝网印刷的金和铂基底上（硅作为基底），制备出了全固态微型化氯离子选择性电极[49]，实验表明，在 POT 膜与丝网印刷的金电极之间加入 3-氨丙基三乙氧基硅烷时，电极的分析性能得到改善。Pretsch 等人将离子选择性膜中的 PVC 基质换成聚甲基丙烯酸甲酯/聚癸基丙烯酸甲酯（MMA/DMA）制备出铅离子选择性电极[50]。POT 具有极好的疏水性，能有效阻止水层的生成，实验结果显示（图 5.10），所制备的离子选择性电极在低浓度时响应时间大大缩短，同时检测限（$10^{-9.3}$ mol/L）有很大的提高。Bakker 等人用未掺杂的 POT 作为固态转接层，未加增塑剂的聚丙烯酸基团作为聚合物基质的离子选择性膜制备出的全固态离子选择性电极（Ag^+，Pb^{2+}，Ca^{2+}，K^+，I^-）检测限能达到 10^{-9} mol/L 级别[51]。

聚 3,4-乙烯二氧噻吩（PEDOT）具有很高的电活性，P 掺杂的氧化态 PEDOT 有很好的稳定性，因此 PEDOT 很适合作为固态转接层用于离子选择性电极，PEDOT 一般是其单体 3,4-乙烯二氧噻吩通过电化学聚合的方法或者将化学合成的 PEDOT 通过滴涂的方式涂在电极上，制备出固态转接层。Bobacka 等人发现 PEDOT 作为固态转接层所制备的离子选择性电极比聚吡咯作为固态转接层所制备的电极具有更好的抗干扰性[52]，随后，他们

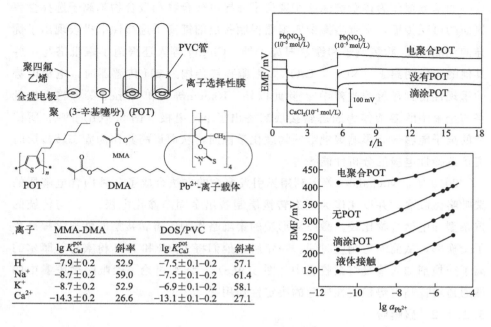

离子	MMA-DMA		DOS/PVC	
	lg K_{CaJ}^{pot}	斜率	lg K_{CaJ}^{pot}	斜率
H^+	-7.9 ± 0.2	52.9	$-7.5\pm0.1-0.2$	57.1
Na^+	-8.7 ± 0.2	59.0	$-7.5\pm0.1-0.2$	61.4
K^+	-8.7 ± 0.2	52.9	$-6.9\pm0.1-0.2$	58.1
Ca^{2+}	-14.3 ± 0.2	26.6	$-13.1\pm0.1-0.2$	27.1

图 5.10　以 PMMA/PDMA 为聚合物基质的铅离子选择性电极[50]

发现 PEDOT 掺杂聚苯乙烯磺酸（PSS）有望成为固态转接层的理想材料[53]。PEDOT/PSS 作为固态转接层材料制备出了多种离子选择性电极，包括 $K^{+[54]}$、$Ag^{+[55]}$、$Na^{+[56]}$、$Cs^{+[56]}$、$Ca^{2+[57]}$ 和一些芳香族阳离子（N-甲基吡啶，布比卡因）[53b,58]。

　　由于传感器逐渐朝微型化和阵列化发展，因此，电化学聚合越来越多地被用来沉积在刻蚀出的微电极通道用于制备微型全固态离子选择性电极阵列。2016 年，Javey 等人将刻蚀好的微电极阵列浸入含有 0.01mol/L EDOT 和 0.1mol/L NaPSS 的混合溶液中，采用恒电流电沉积的方法沉积 PEDOT/PSS 作为固态转接层制备出可穿戴离子传感阵列（图 5.11）[59]，再次引发可穿戴离子传感的热潮。与恒电流和恒电势沉积相比，循环伏安法沉积 PEDOT/PSS 能有效地控制聚合物膜的生长，避免过氧化。Gyurcsanyi 等人采用循环伏安法（电势为$-0.2V$）将 EDOT/PSS 单体沉积在金微腔中制备出钾离子和钙离子超微电极[60]，所制备的电极能够有效地阻止水层的产生，对钾离子和钙离子也表现出了良好的电化学响应（图 5.12）。Maksymiuk 等人用更疏水的聚 3,4-二辛基噻吩（PDOT）代替 PEDOT 作为固态转接层制备出离子选择性电极[61]。

5.2.1.3　聚苯胺

　　Lewenstam 等人将聚苯胺作为固态转接层材料制备出全固态微型氯离子

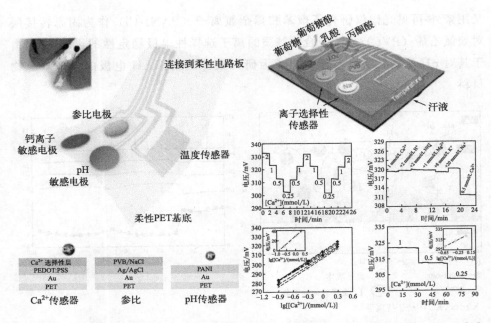

图 5.11　恒电流电化学沉积 PEDOT/PSS 于微电极阵列制备出的可穿戴离子传感设备[59]

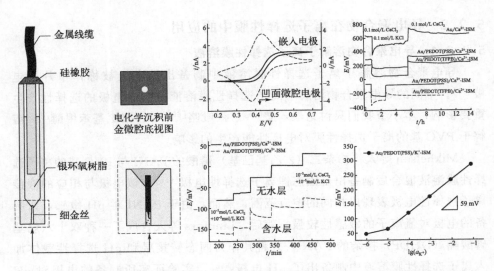

图 5.12　循环伏安沉积 PEDOT/PSS 于金微腔中制备出的钾离子和钙离子超微电极[60]

选择性电极，所制备出的电极的分析性能与 POT 作为固态转接层时相差无几[62]。1999 年，Ivaska 等人用聚苯胺作为固态转接层制备了全固态离子选择性电极（图 5.13），但是这类电极对 pH 非常敏感，由于其氧化还原过程中会形成翠绿亚胺盐，其中部分翠绿亚胺盐会传输到低浓度区域，这一过程会影响其作为固态转接层的离子选择性电极的长期稳定性[63]。随后在 2004 年，他们又用紫外-可见光谱仪研究了聚苯胺掺杂氯离子（PANI/Cl）作为固态转接层对聚氯乙烯（PVC）作为聚合物基质的离子选择性电极稳定性的影响[64]。由于其对 pH 高敏感性，聚苯胺也成为研究最多的用于 pH 电极的导电聚合物材料。

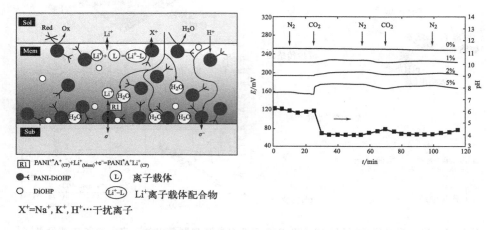

图 5.13　聚苯胺作为固态转接层的全固态离子选择性电极[63]

5.2.2　导电聚合物在离子选择性膜中的应用

5.2.2.1　导电聚合物溶解于离子选择性膜溶液

导电聚合物溶解于离子选择性膜溶液中制备出的电极被称作单片层电极[62]。不同的导电聚合物溶解于离子选择性膜溶液中时对电极的选择性产生重要影响，本小节我们只讨论聚苯胺[65]、聚吡咯[65c,66]、聚氨基苯甲醚[65c]溶解于 PVC 基的离子选择性膜对电极性能产生的影响。

Mikhelson 等人将掺杂二（2-乙基己基）磷酸的 PANI 与 PVC 基的离子选择性膜溶液混合后制备出全固态锂离子选择性电极[65a]。该电极与相应的液接离子选择性电极表现出相同的响应范围，然而，由于 PANI 对 pH 敏感，所制备的电极对氢离子的敏感性较强。随后，Lindfors 等人合成了一种双十六烷基磷酸酯（DHDP）掺杂的 PANI，并将其作为固态转接层和 pH 选择性载体加入离子选择性膜溶液中制备出了 pH 电极[65b]。实验证实所制备的电极对 pH 表现出很好的选择性，然而，其分析性能略逊于电化学方法合成的 PANI。Alizadeh 等人用电化学方法合成出聚吡咯掺杂的十二烷基苯磺酸盐（PPy/DBS），并将其与 PVC 膜溶液混合制备出全固态离子选择性电极用于线型烷基苯磺酸盐的检测[66a]。在所制备的电极中，PPy 不仅是固态转接层，也充当阴离子交换剂的角色，用于烷基苯磺酸阴离子的检测。2004 年，Wroblewski 等人将含有双酯琥珀磺酸掺杂的 PPy、PANI 和聚氨基苯甲醚的 PVC 膜溶液滴涂在平面银电极上制备出微型钾离子选择性电极[65c]。实验表明，掺杂 PPy 的 PVC 膜所制备的离子选择性电极有较高的稳定性和重现性（图 5.14），这一实验结果于一年后被 Wroblewski 通过实验加以证实。他们用化学方法合成二（2-乙基己基）磺基琥珀酸酯掺杂的 PPy，并将其与 PVC 膜溶液混合后滴涂在平面金和银电极上，制备出平面微型离子选择性电极用于流动体系分析（图 5.15）[66b]。他们不仅证实了 PPy 掺杂的 PVC 膜制备的电极有更好的重现性，同时还发现以金作为电极基底时，电极的分析性能比银电极更加优异，这可能是由于金具有更好的化学稳定性和抗干扰能力。

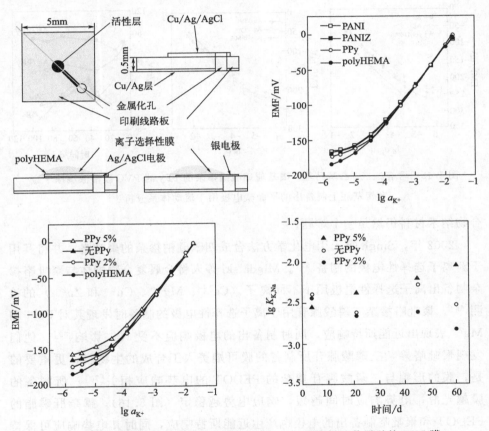

图 5.14　含有双酯琥珀磺酸掺杂的 PPy、PANI 和聚氨基苯甲醚的 PVC 膜
溶液滴涂于平面银电极上制备出的微型钾离子选择性电极[65c]

5.2.2.2　导电聚合物作为离子选择性膜

导电聚合物作为离子选择性膜的组成成分，不仅可以作为机械支撑，也起到离子交换剂的作用。纳米级的导电聚合物作为离子选择性膜时主要通过电化学方法合成，并用于微型电极阵列的制备，然而，如何合成出这种功能化的聚

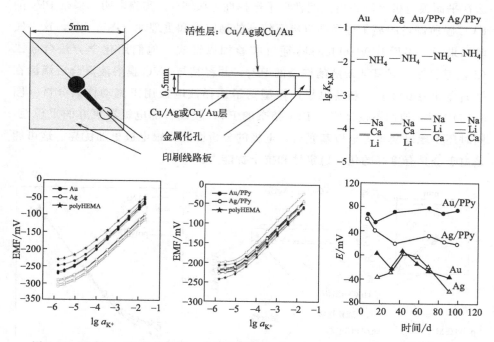

图 5.15　含有二（2-乙基己基）磺基琥珀酸酯掺杂的 PPy 的 PVC 膜溶液滴涂于金和银基底上制备出的平面微电极用于流动体系分析[66b]

合物纳米材料仍然是一个难题。

2002 年，Singh 等人用电化学方法合成四苯硼钠掺杂的聚吡咯，并将其用于新离子选择性电极的制备[67]。Migdalski 等人将金属复合物配体与聚吡咯掺杂制备出离子选择性电极用于不同离子（Ca^{2+}、Mg^{2+}、Cu^{2+} 和 Zn^{2+}）的检测[68]。聚吡咯掺杂三磷酸腺苷用于离子选择性电极的制备时发现其对 Ca^{2+} 和 Mg^{2+} 表现出近能斯特响应，同时制备出的电极响应不受 Na^+ 影响[69]。他们发现聚吡咯掺杂三磷酸腺苷所制备的膜可媲美人工合成的生物膜，更重要的是，膜的形貌与三磷酸腺苷掺杂的 PEDOT 的电势响应相关[70]。所制备的膜越光滑，电势响应时间越短，响应电势越稳定（图 5.16）。掺杂肝磷脂的 PEDOT 和聚吡咯制备出的电极也产生近能斯特响应，同时其电势响应可保持一年基本不变，这说明肝磷脂掺杂的 PEDOT 与聚吡咯具有极高的稳定性和抗干扰能力[71]。

实验发现导电聚合物的电势检测限与导电聚合物的合成方法有关。例如，聚吡咯、聚甲基吡咯和 PEDOT 的电势检测限与其自发的充放电过程有关[72]。Michalska 等人发现电化学合成的 PEDOT/PSS 所制备的电极检测限可通过获得阳极极化电流补偿避免阳离子渗漏从而使电势的检测限降低，然而，相似的

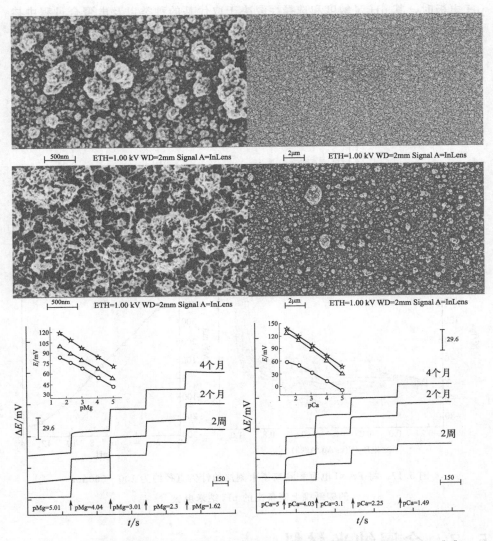

图 5.16　掺杂肝磷脂的 PEDOT 和聚吡咯作为离子选择性膜所制备出的电极[70]

现象并没有出现在化学合成的 PEDOT 所制备的电极[73]。电化学过氧化的聚吡咯（OPPy）对碱金属和碱土金属阳离子表现出较低的选择性[74]。由于过氧化的聚吡咯具有较低的电子传导率，其制备的电极电阻过大同时抗氧化还原干扰力减弱。

Wang 等人将 PANI 电沉积到离子束刻蚀的针尖直径约为 $100\sim500nm$ 的碳纤维上制备出 pH 纳米电极[75]。所制备的 pH 电极有较好的电化学响应，其 pH 响应范围可达到 $2\sim12.5$，对钾、钠、钙和锂离子的选择性系数也能达到 10^{-12}（图 5.17），完全媲美于商用的 pH 玻璃电极。PANI 及其派生物作为

pH 电极时，其 pH 灵敏度和选择性取决于取代基的种类以及电聚合过程中掺杂的阴离子。PANI 掺杂氯离子制备出的电极对 pH 响应最好，但 N 取代的 PANI 对 pH 不产生响应，这是由于 N 取代阻碍了其翠绿亚胺盐态向苯胺态转变[76]。

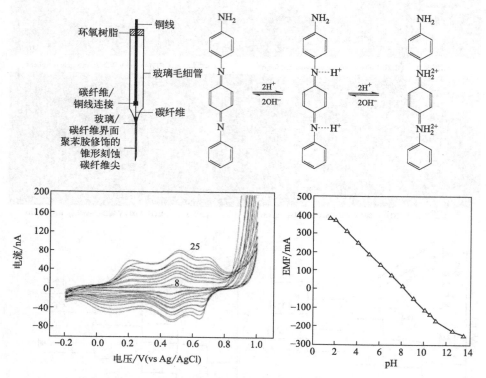

图 5.17　将 PANI 电沉积到离子束刻蚀的针尖直径约为 100～500nm 的碳纤维上制备出的 pH 纳米电极[75]

5.3　金属纳米材料

金属纳米材料在纳米材料中占有重要地位，主要包括金、银、铂等。由于具有独特的光电磁性质被广泛应用于环境、生物、医药以及其他领域中，从而成为 21 世纪最有潜力的材料之一。20 世纪 90 年代开始，人们发现金属纳米材料非常适合用于化学及电化学传感。随后的几十年中，金属纳米材料开始逐渐应用于电势型传感中，而离子选择性电极作为最常用的电势型传感器，也开始重新得到广泛的关注和深入的研究。本节主要介绍金属纳米材料在离子选择性电极中的应用，包括其作为固态转接层在全固态离子选择性电极中的应用以及其在离子选择性膜中的应用。

5.3.1 金纳米粒子

金纳米粒子有独特的物理和化学性质，从而被广泛应用于化学和生物传感器领域[77]。金纳米不仅易于合成且便于储存，化学稳定性好，抗干扰能力强。同时，金纳米粒子的性质能够根据纳米粒子的大小、形貌与周围环境进行调控，这使得金纳米粒子能够通过调控满足不同领域的不同需求。近年来，人们发现金纳米粒子具有一些十分优异的性能：①有极好的化学稳定性和较为不错的电导率（适合电极信号的长期稳定表达）；②疏水性能十分优异（能够消除固接转换层和离子敏感膜之间的水层）；③具有稳定可逆的离子-电子信号转换能力（可以有效地解决离子敏感膜与电子导体之间的信号通信）。显然这些优点显示其非常适合发展全固态离子选择性电极。

5.3.1.1 金纳米粒子作为固态转接层

Michalska 等人在 2011 年首次将金纳米粒子作为固态转接层制备了钾离子选择性电极[78]。为了提高金纳米粒子的疏水性，他们利用 Brust-Schiffrin 方法在两相液体中合成用辛硫醇和丁基硫醇作为配体修饰的金纳米粒子（分别表示为 Au@C4 和 Au@C8)[79]。与聚 3-辛基噻吩（POT）作为固态转接层的全固态离子选择性电极相比，Au@C4 和 Au@C8 作为固态转接层的全固态离子选择性电极更接近于能斯特响应，并且二者检测限几乎相同（图 5.18）。同时，由于硫醇修饰的金纳米粒子具有良好的疏水性和较高的电容，金纳米粒子作为固态转接层的电极表现出很高的电势稳定性和较好的选择性。

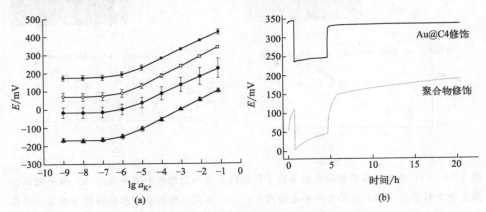

图 5.18 （a）所制备的离子选择性电极三周内的电势响应曲线；
（b）所制备的离子选择性电极的对比水层分析曲线[78]
●▲■○分别表示 CW、Au@C8、Au@C4 和 POT 修饰的离子选择性电极

2013 年，Michalska 等人用相同的方法分别制备了丁基硫醇和双硫腙修饰的纳米多孔金膜（分别表示为 GNP@C4 和 GNP@Dit），并将其作为固态转接

层制备出了全固态铜离子选择性电极[80]。由于铜离子与修饰在纳米多孔金膜上的双硫腙配体之间具有化学作用，所制备的铜离子选择性电极显示在没有聚合物离子选择性膜存在的情况下也能表现出能斯特响应。更重要的是，所制备的纳米多孔金膜比传统意义上的PVC复合的铜离子选择性膜对铜离子展示出了更好的选择性。这不仅仅是由于所修饰的配体——双硫腙——有独特的性质，也因为金纳米粒子配合物有非常好的稳定性。

Diamond等人于2015年用单相法合成了硫辛酸和硫辛酰胺修饰的金纳米粒子，并将其作为固态转接层制备了全固态铅离子和钠离子选择性电极[81]。所合成的金纳米粒子如图5.19所示。实验表明，硫辛酰胺修饰的金纳米粒子作为固态转接层所制备的全固态离子选择性电极表现出超能斯特和能斯特响应，而硫辛酸修饰的纳米粒子作为固态转接层所制备的电极则表现出亚能斯特和能斯特响应。这篇文章[81]第一次指出纳米粒子的配体在离子选择性电极的信号响应过程中所起的重要作用。

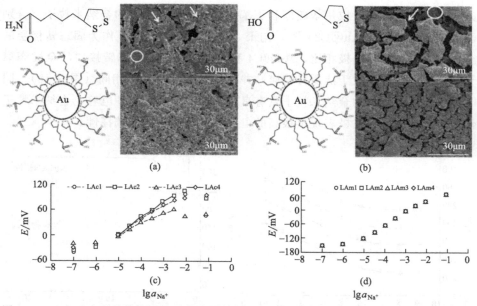

图 5.19　（a）硫辛酰胺修饰的金纳米粒子的结构示意图及扫描电镜照片；（b）硫辛酸修饰的金纳米粒子的结构示意图及扫描电镜照片；（c）不同层数的硫辛酸修饰的金纳米粒子作为固态转接层时的离子选择性电极的电势响应曲线；（d）不同层数的硫辛酰胺修饰的金纳米粒子作为固态转接层时的离子选择性电极的电势响应曲线[81]

单层保护的金纳米簇（MPCs）具有独特的尺寸效应和出色的物理化学及电子性质，在自组装[82]、生物标识[83]、催化[84]、电子转移理论[85]、DNA免疫分析[86]等众多领域中都引起人们的关注。作为固接转换层时，相对于其他纳米材料而言，MPCs 具有其不可比拟的优势。首先，与各种碳形式的纳米簇比较，金簇有更好的疏水性，更有利于消除固接转换层与离子敏感膜之间的界面水层；其次，合成的 MPCs 含有混合价态的纳米簇，所形成的固态转接层能够有效地克服信号不稳定问题，这个巨大优势可以为我们提供一个设计高性能固接离子选择性电极的通用可信平台。

2012 年，Niu 等人首次将四（4-氯苯基）硼酸根掺杂的金纳米簇薄膜作为一种有效的固态转接层材料，制备出性能优异的全固态钾离子选择性电极[87]。所合成的金纳米簇薄膜能够在两个固接界面上提供明确热力学定义的、电化学可逆的、不可极化的串联双固接界面。该材料具有很高的氧化还原活性的同时又有很大的电容，具有可逆转换离子电子信号的能力、良好的化学稳定性和导电性，既适合长期使用又有利于电极信号的稳定；优秀的疏水性能消除水层的存在。实践表明，所制备的钾离子选择性电极具有十分出色的分析表现，电极的电势在一个月内保持稳定，对 K^+ 的检测线在 10^{-6} mol/L [图 5.20(a)]。然而，这种材料的制备方法复杂并且产率较低，难以进行批量化的生产，因此该小组于 2016 年发展了一种简单高效合成 MPCs 的方法[88]。他们通过加入四辛基溴化铵，改变反应物的浓度与还原剂的比例，可以满足在室温并且搅拌速率不受控制的条件下反应数小时得到 MPCs [图 5.20(b)]。利用这种混合价态的 MPCs 作为固态转接层制备了一种全固态 K^+ 选择性电极，实验证实这种 K^+ 选择性电极有良好的抗气体、光照、氧化还原物质干扰的能力，能够有效地阻止水层的生成并且延长电极的使用寿命，分析检测下限为 10^{-7} mol/L。另外，为了简化金纳米簇全固态离子选择性电极的制备过程，他们采用单相法一步合成了正己基硫醇保护的金纳米簇，并制备了一种全固态 K^+ 选择性电极[89]。将正己基硫醇保护的金纳米簇溶解在对聚氯乙烯为基质的离子选择性膜中，使用一步滴涂法制备了有良好电化学稳定性的单片层 K^+ 选择性电极，其对 K^+ 检测限和长期使用寿命与上述两种方法制备的传感器相当，其制备工艺简单，有利于全固态离子传感器的大规模标准化制作。

5.3.1.2　金纳米粒子在离子选择性膜中的应用

传统的聚合物基离子选择性膜有很大的局限性，例如：膜中的物质会泄漏到溶液中而溶液中的亲水性物质也会逐渐渗入聚合物膜中造成离子选择性膜的污染，从而影响电极的寿命。更重要的是，传统的离子选择性电极无法用于非水溶液中进行检测。因此，人们针对离子选择性膜作出了相应的改进，发展出了一些没有聚合物基离子选择性膜的电极。

2010 年，Róbert 等人基于阴离子选择性载体——硫杂杯芳烃派生物与修饰在金纳米粒子表面的二硫茂环集团的自组装作用合成了一种离子载体-金纳

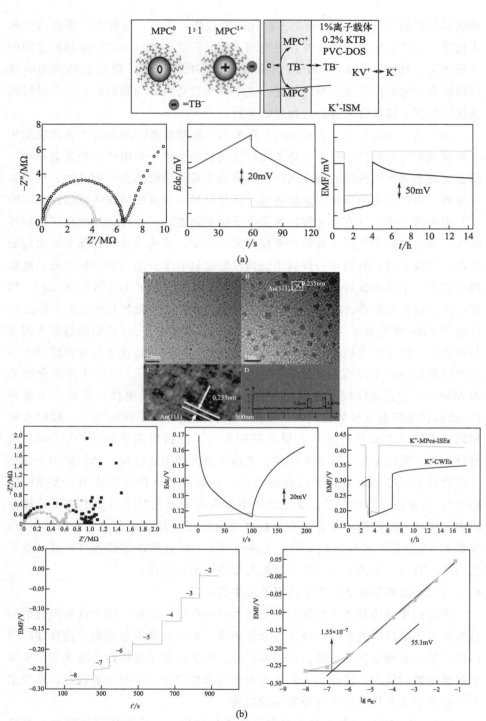

图 5.20　（a）四（4-氯苯基）硼酸根掺杂的金纳米簇薄膜作为固态转接层[87]；

（b）单相法合成的十二烷基硫醇单层保护的金纳米簇薄膜作为固态转接层[88]

米粒子共轭物（IP-AuNP），并将这种新型的离子载体用于银离子选择性膜的制备[90]（IP-AuNP-based ISMs）。实验表明，用这种离子选择性膜制备出的离子选择性电极灵敏度更高，检测限能达到 5nmol/L，响应时间更快，离子的迁移率比传统的 PVC 基离子选择性膜中高出约 4 个数量级，这可能是由于离子载体与离子选择性膜中的金纳米粒子间的共轭作用所导致（图5.21）。同年，Parishad 将三种巯基化合物自组装到金纳米粒子表面，并以此作为离子载体修饰到碳糊电极上制备出铜离子选择性电极[91]。他们将所制备的铜离子选择性电极用于海水和自然水样的检测，发现所制备的铜离子选择性电极响应时间短（＜5s），响应范围广，对铜离子的选择性比其他金属离子高 3 倍。

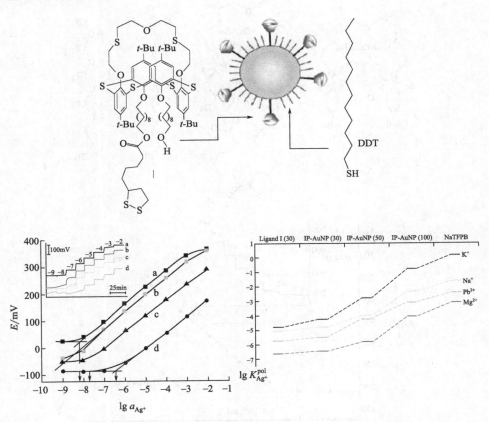

图 5.21　IP-AuNP-based ISMs 所制备的离子选择性膜[90]

2011 年，Gyurcsanyi 等人发展出了一种金纳米孔全固态离子选择性通道用于银离子传感[92]。他们将金沉积到经刻蚀的聚碳酸酯纳米多孔膜的表面，并将银离子载体修饰到金纳米孔上，制备出离子通道。实验表明，所制备的银离子选择性电极显示出较高的选择性，并且检测限能达到亚 nmol/L 级别（图5.22）。2012 年，Michalska 等人发展了一种双硫腙修饰的纳米多孔金膜作为电势型传感膜取代聚合物基离子选择性膜制备了一种新型的全固态铜离子选择性电极[93]。将双硫腙固定在纳米金膜表面使得铜离子不必通过传统的离子载体转移到受体层，同时由于双硫腙对铜离子非常高的亲和力从而使得所制备的铜离子选择性电极比传统的电极表现出更高的选择性。2014 年，Abd-elaal 等人将一种巯基化合物自组装在金纳米离子表面并将所合成的共轭物修饰在碳糊电极表面制备出了锌离子选择性电极。所制备出的电极表现出很宽的线性响应范围，有较低的检测限，对锌离子表现出出色的选择性[94]。

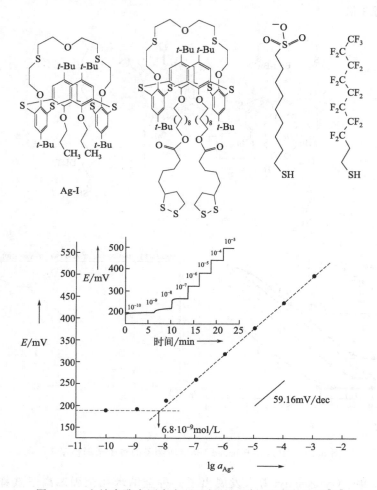

图 5.22　金纳米孔全固态离子选择性通道银离子传感器[92]

5.3.2 银纳米粒子

2013 年，Imran 等人首次将银纳米粒子嵌入聚苯胺磷钨酸杂多盐合成纳米杂化物（表示为 WP-PAni/Ag）作为阳离子交换剂制备出离子选择性膜用于重金属离子的检测[95]。所合成的纳米杂化材料的扫描电镜图如图 5.23（a）和（b）所示。实验结果表明，所制备出的离子选择性电极具有较好的选择性，检测限能达到 10^{-7} mol/L，pH 响应范围为 3～6（图 5.23）。一年后，Asiri 等人用同样的方法合成出聚邻氨基苯甲醚磷钼酸盐纳米杂化物（表示为 POMA-MoP/Ag）作为离子交换剂制备出汞离子选择性电极[96]。合成路线及所合成的纳米杂化材料扫描电镜图如图 5.24 所示。所制备的离子选择性膜与传统的离子选择性膜相比响应时间更短，选择性更好，同时检测范围（1×10^{-1}～8×10^{-6} mol/L）较宽。

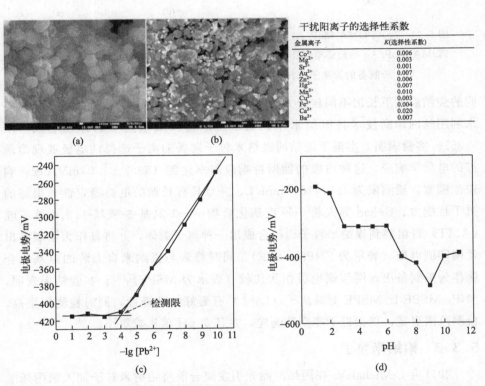

干扰阳离子的选择性系数

金属离子	K（选择性系数）
Co^{2+}	0.006
Mg^{2+}	0.003
Sr^{2+}	0.001
Au^{2+}	0.007
Zn^{2+}	0.006
Hg^{2+}	0.007
Mn^{2+}	0.010
Cu^{2+}	0.003
Fe^{2+}	0.004
Ca^{2+}	0.020
Ba^{2+}	0.007

图 5.23 （a）和（b）为所合成的纳米杂化物 WP-PAni/Ag 在不同倍率的扫描电镜图；（c）所制备的铅离子选择性电极电势响应曲线；（d）所制备的铅离子选择性电极在不同 pH 值时的电势响应曲线[95]

2013 年，Thawatchai 等人首次将银纳米粒子作为离子电子转换层应用于离子选择性电极中[97]。他们利用硼氢化钠将硝酸银还原成银纳米粒子，在不

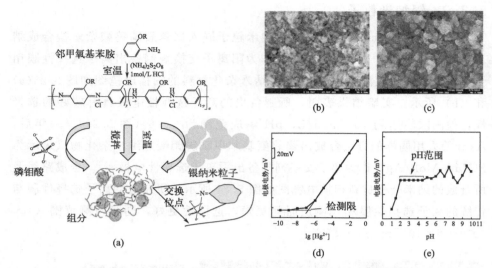

图 5.24 （a）POMA-MoP/Ag 的合成路线图；（b）和（c）合成出的纳米杂化物
POMA-MoP/Ag 的扫描电镜图；（d）所制备的汞离子选择性电极电势响应曲线；
（e）所制备的汞离子选择性电极在不同 pH 值时的电势响应曲线[96]

同的烧结温度下长出不同粒径大小的银纳米粒子，并将这种银纳米粒子作为墨水利用丝网印刷技术将银纳米印刷到纸上制备出纸基离子选择性电极（图5.25）。实验表明，室温下烧结的银纳米粒子制备的离子选择性电极展现出最好的电化学响应。这种电极的能斯特响应斜率达到（59.7±1.0）mV/dec，响应范围宽，检测限为 $4.5×10^{-7}$mol/L，并且具有长期的电势稳定性和很好的抗干扰能力。Gehad 等人将一种巯基化合物——3-氨基-5-巯基-1,2,4-苯三唑（AMT）自组装到银纳米粒子表面合成出一种离子载体，并将其作为墨制备出丝网印刷电极（表示为 SNPs-MSPE），同时将未与银纳米自组装的巯基化合物作为墨制备出丝网印刷电极作为比较（表示为 MSPE）[98]。实验结果表明，SNPs-MSPE 比 MSPE 对镧离子（La^{3+}）有更好的选择性，同时检测限更高，检测范围更宽，更接近于能斯特响应，并且受 pH 值影响更小。

5.3.3 铂纳米粒子

2011 年，Michalska 在丙烯酸酯光引发聚合前将铂纳米粒子加入聚丙烯酸酯为基的离子选择性膜溶液中，制备出了光引发聚合的聚丙烯酸丁酯为基的离子选择性膜[99]。与传统的聚丙烯酸丁酯膜制备的离子选择性膜相比，他们制备的离子选择性膜能够有效地减小电极的电化学阻抗，提高电势的稳定性。如图 5.26 所示，当加入的铂纳米粒子质量分数为 1% 时，电势响应信号最好。

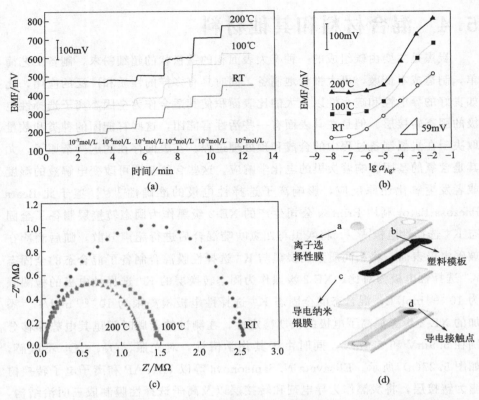

图 5.25 （a）和（b）不同烧结温度下的银纳米离子制备的离子选择性电极的电势响应；
（c）不同烧结温度下的银纳米粒子制备的离子选择性电极的阻抗图；
（d）最终制备的纸基离子选择性电极的示意图[97]

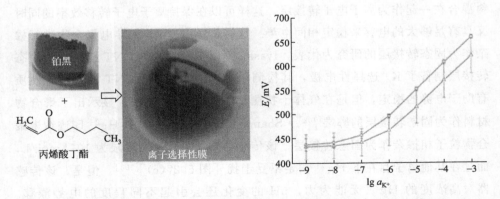

图 5.26 铂纳米粒子加入聚丙烯酸丁酯为基的离子选择性膜中所制备的离子选择性电极响应
△表示掺杂 2％铂纳米，□表示掺杂 1％铂纳米[99]

5.4 混合材料和其他材料

炭黑是主要由碳组成的一种有大表面积的蓬松状的超细粉末，制备工艺简单，制造成本低廉，可大批量地制备，同时具有多样的性质和广泛的应用，比如良好的导电性和疏水性以及大的比表面积使其适合作为全固态离子选择性电极的固态转接层。但是在其表面有一些活性官能团，这些官能团的种类和数量取决于在炭黑制备过程中的合成和预处理过程。在表面存在的这些杂原子，尤其是含氧的基团影响着炭黑的电化学响应。这些含氧基团可改变电解液的湿度或者发生氧化还原反应，影响离子选择性电极的准确性[100]。鉴于此 Beata Paczosa-Bator 利用 Printex 公司生产的 XE-2 炭黑作为固态转接层制备了全固态 K^+ 选择性电极[101]。将炭黑与四氢呋喃混合后进行超声分散，随后滴涂在玻碳电极表面，将相同质量的炭黑与 K^+ 选择性膜混合制备了混合态的全固态 K^+ 选择性电极为对比。XE-2 炭黑作为固态转换层的 K^+ 选择性电极的检测限为 $10^{-6.4}\,mol/L$，混合态的全固态 K^+ 选择性电极检测限为 $10^{-6.1}\,mol/L$。添加的 XE-2 炭黑提高了电极的长期稳定性，在测试的七周时间里其电势漂移分别在 $5.9\,mV$ 和 $3.1\,mV$，同时由于其化学惰性，对光照、O_2、CO_2 不敏感，如图 5.27(a) 所示。Elisaveta N. Samsonova 等以 HBTAP 和离子电子转换树脂为转接层，将炭黑作为导电剂和转接层以及离子选择性膜制成三明治结构，制备了全固态 pH 电极，如图 5.27(b) 所示。相较于传统的 pH 电极长期稳定性以及使用寿命有很大的提高[100]。

利用导电聚合物大电容的优势和碳材料优异的离子电子传导性，将两种材料混合在一起作为离子电子转接层。这样可以在保持离子电子转移效率的同时又具有足够大的电容来稳定相间电势。这类材料以 CNT 和导电聚合物进行掺杂作为固态转接层的研究为代表。Ivaska 等以 PEDOT 与 CNT 掺杂作为固态转接层制备了 K^+ 选择性电极，其检测限为 $10^{-6}\,mol/L$。CNT 的大电容性质有助于电势的稳定，但是在气体干扰测试中其对 CO_2 敏感，显示出了聚合物材料作为固态转接层的弊端[102]。Shamsipur 等采用 CNT 和 Hg^{2+} 印迹纳米聚合物粒子相掺杂作为固态转接层，该传感器对 Hg^{2+} 的检测限为 $10^{-6}\,mol/L$，而且在其他离子存在下 Hg^{2+} 测定不受干扰 [图 5.27(c)][103]。但是，该传感器对高浓度的 Hg^{2+} 无能为力，pH 的变化还会引起不同程度的电势漂移。Scholz 等将石墨烯进行恒电势阳极氧化预处理，随后在其表面修饰上 *N*-(2,5-二甲氧基苯基) 乙基-1-胺，作为固态转接层制备了 K^+ 和 F^- 选择性电极，图 5.27(d) 所示这种混合材料对电势能起到很大的稳定作用，对 K^+ 检测范围为

$10^{-1}\sim 10^{-4}\ mol/L^{[104]}$。还有一些其他材料，比如：石墨烯-金纳米粒子材料[105]、石墨烯-聚苯胺材料[106]、聚吡咯-CNT 杂化材料[107]等。

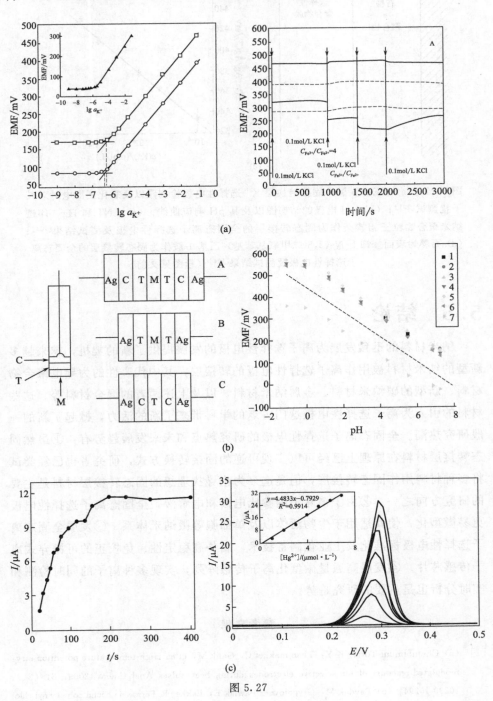

图 5.27

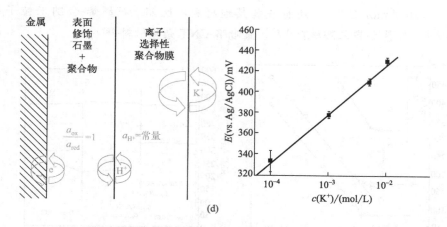

图 5.27　(a) XE-2 炭黑作固接转换层 K^+ 选择性电极检测限以及氧化还原电对对其干扰测试[101]；(b) pH 电极的结构图以及其 pH 响应曲线；(c) CNT 和 Hg^{2+} 印迹纳米聚合物粒子相掺杂作为固态转接层的全固态离子选择性电极及测试结果[103]；(d) 石墨烯表面修饰上 N-(2,5-二甲氧基苯基) 乙基-1-胺作为固态转接层的全固态离子选择性电极及测试结果[104]（彩图见文前）

5.5　结论

　　纳米材料的迅猛发展为离子选择性电极的发展提供了新的契机，越来越多新型的纳米材料被用作离子选择性电极的转接层，其中代表性的为导电聚合物材料、新型的碳纳米材料、金属纳米材料，以及上述两者的混合材料等。这些材料的引入为离子选择性电极这门古老的学科带来了新的活力，掀起了新的一股研究热潮。全固态离子选择性电极的研究热点和未来发展趋势有：①虽然固态转接层材料在原理上已经可以实现可逆的固接转换方式，研究者也已经尝试将多种材料用作固态转接层，但是迄今为止寻找理想的固态转接层材料是主要的研究方向之一。②由于消除了内参比电极和电解液，全固态离子选择性电极更易微型化，使其适用于生物活体以及单细胞等微纳米体系。③发展全固态离子选择性电极标准化及工业化制备技术，制备高稳定性、免校正的可抛弃式离子传感芯片。④发展高通量微型化离子传感阵列，实现多种离子的同时检测和实时分析也是重要的研究趋势。

参考文献

[1]　(a) Chumbimuni-Torres K Y，Thammakhet C，Galik M，et al. High-temperature potentiometry：modulated response of ion-selective electrodes during heat pulses. Anal Chem，2009，81（24）：10290-10294；(b) Pawlak M，Grygolowicz-Pawlak E，Bakker E. Ferrocene bound poly（vinyl chlo-

ride) as ion to electron transducer in electrochemical ion sensors. Anal Chem, 2010, 82 (16): 6887-6894; (c) Kim H N, Ren W X, Kim J S, et al. Fluorescent and colorimetric sensors for detection of lead, cadmium, and mercury ions. ChSRv, 2012, 41 (8): 3210-3244; (d) Sokalski T, Ceresa A, Zwickl T, et al. Large improvement of the lower detection limit of ion-selective polymer membrane electrodes. J Am Chem Soc, 1997, 119 (46): 11347-11348; (e) Ceresa A, Pretsch E, Bakker E. Direct potentiometric information on total ionic concentrations. Anal Chem, 2000, 72 (9): 2050-2054; (f) Hargrove A E, Nieto S, Zhang T, et al. Artificial receptors for the recognition of phosphorylated molecules. Chem Rev, 2011, 111 (11): 6603-6782; (g) Modi N R, Patel B, Patel M B, et al. Novel monohydrogenphosphate ion-selective polymeric membrane sensor based on phenyl urea substituted calix [4] arene. Talanta, 2011, 86: 121-127.

[2] (a) Bakker E, Qin Y. Electrochemical sensors. Anal Chem, 2006, 78 (12): 3965-3984; (b) Privett B J, Shin J H, Schoenfisch M H. Electrochemical sensors. Anal Chem, 2010, 82 (12): 4723-4741; (c) Aguilera-Herrador E, Lucena R, Cárdenas S, et al. Continuous flow configuration for total hydrocarbons index determination in soils by evaporative light scattering detection. J Chromatogr, 2007, 1141 (2): 302-307; (d) Namour P, Lepot M, Jaffrezic-Renault N. Recent trends in monitoring of european water framework directive priority substances using micro-sensors: A 2007—2009 review. Sensors, 2010, 10 (9): 7947; (e) Kröger S, Law R J. Sensing the sea. Trends Biotechnol, 2005, 23 (5): 250-256; (f) Kimmel D W, LeBlanc G, Meschievitz M E, et al. Electrochemical sensors and biosensors. Anal Chem, 2012, 84 (2): 685-707.

[3] Bratov A, Abramova N, Ipatov A. Recent trends in potentiometric sensor arrays: a review. Anal Chim Acta, 2010, 678 (2): 149-159.

[4] (a) Bobacka J, Ivaska A, Lewenstam A. Potentiometric ion sensors. Chem Rev, 2008, 108 (2): 329-351; (b) Potyrailo R A, Mirsky V M. Combinatorial and high-throughput development of sensing materials: the first 10 years. Chem Rev, 2008, 108 (2): 770-813; (c) Korotcenkov G, Han S D, Stetter J R. Review of electrochemical hydrogen sensors. Chem Rev, 2009, 109 (3): 1402-1433.

[5] Bakker E, Bühlmann P, Pretsch E. Carrier-based ion-selective electrodes and bulk optodes. 1. General characteristics. Chem Rev, 1997, 97 (8): 3083-3132.

[6] Cattrall R W, Freiser H. Coated wire ion-selective electrodes. Anal Chem, 1971, 43 (13): 1905-1906.

[7] Bobacka J, Ivaska A, Lewenstam A. Potentiometric ion sensors based on conducting polymers. Electroanalysis, 2003, 15 (5-6): 366-374.

[8] (a) Heng L Y, Hall E A H. Producing "self-plasticizing" ion-selective membranes. Anal Chem, 2000, 72 (1): 42-51; (b) Walsh S, Diamond D, McLaughlin J, et al. Solid-state sodium-selective sensors based on screen-printed Ag/AgCl reference electrodes. Electroanalysis, 1997, 9 (17): 1318-1324.

[9] (a) Michalska A, Wojciechowski M, Bulska E, et al. Experimental study on stability of different solid contact arrangements of ion-selective electrodes. Talanta, 2010, 82 (1): 151-157; (b) Gyurcsányi R E, Rangisetty N, Clifton S, et al. Microfabricated ISEs: critical comparison of inherently conducting polymer and hydrogel based inner contacts. Talanta, 2004, 63 (1): 89-99.

［10］ （a）Michalska A. Optimizing the analytical performance and construction of ion-selective electrodes with conducting polymer-based ion-to-electron transducers. Anal Bioanal Chem, 2006, 384 （2）: 391-406; （b）Sundfors F, Höfler L, Gyurcsányi R E, et al. Influence of poly （3-octylthiophene） on the water transport through methacrylic-acrylic based polymer membranes. Electroanalysis, 2011, 23 （8）: 1769-1772.

［11］ （a）Grygolowicz-Pawlak E, Plachecka K, Brzozka Z, et al. Further studies on the role of redox-active monolayer as intermediate phase of solid-state sensors. Sens Actuat B: Chem, 2007, 123 （1）: 480-487; （b）Fibbioli M, Bandyopadhyay K, Liu S G, et al. Redox-active self-assembled mono-layers for solid-contact polymeric membrane ion-selective electrodes. Chem Mater, 2002, 14 （4）: 1721-1729.

［12］ （a）Hu J, Zou X U, Stein A, et al. Ion-selective electrodes with colloid-imprinted mesoporous carbon as solid contact. Anal Chem, 2014, 86 （14）: 7111-7118; （b）Yang G, Lee C, Kim J, et al. Flexible graphene-based chemical sensors on paper substrates. Phys Chem Chem Phys, 2013, 15 （6）: 1798-1801.

［13］ Lindner E, Gyurcsányi R E. Quality control criteria for solid-contact, solvent polymeric membrane ion-selective electrodes. J Solid State Electrochem, 2009, 13 （1）: 51-68.

［14］ Fierke M A, Lai C Z, Bühlmann P, et al. Effects of architecture and surface chemistry of three-dimensionally ordered macroporous carbon solid contacts on performance of ion-selective electrodes. Anal Chem, 2010, 82 （2）: 680-688.

［15］ Lai C Z, Fierke M A, Stein A, et al. Ion-selective electrodes with three-dimensionally ordered macroporous carbon as the solid contact. Anal Chem, 2007, 79 （12）: 4621-4626.

［16］ Lai C Z, Joyer M M, Fierke M A, et al. Subnanomolar detection limit application of ion-selective electrodes with three-dimensionally ordered macroporous （3DOM） carbon solid contacts. J Solid State Electrochem, 2008, 13 （1）: 123-128.

［17］ Lai C Z, Fierke M A, Costa R C D, et al. Highly selective detection of silver in the low ppt range with ion-selective electrodes based on ionophore-doped fluorous membranes. Anal Chem, 2010, 82 （18）: 7634-7640.

［18］ Ye J, Li F, Gan S, et al. Using sp^2-C dominant porous carbon sub-micrometer spheres as solid transducers in ion-selective electrodes. Electrochem Commun, 2015, 50: 60-63.

［19］ Upare D P, Yoon S, Lee C W. Nano-structured porous carbon materials for catalysis and energy storage. Kor J Chem Eng, 2011, 28 （3）: 731-743.

［20］ Walcarius A. Electrocatalysis, sensors and biosensors in analytical chemistry based on ordered me-soporous and macroporous carbon-modified electrodes. Tr Anal Chem, 2012, 38: 79-97.

［21］ （a）Lee J, Yoon S, Hyeon T M, et al. Synthesis of a new mesoporous carbon and its application to electrochemical double-layer capacitors. Chem Commun, 1999, 21: 2177-2178; （b）Ryoo R, Joo S H, Jun S. Synthesis of highly ordered carbon molecular sieves via template-mediated structural transformation. J Phys Chem B, 1999, 103 （37）: 7743-7746.

［22］ Hu J, Ho K T, Zou X U, et al. All-solid-state reference electrodes based on colloid-imprinted mesoporous carbon and their application in disposable paper-based potentiometric sensing devices. Anal Chem, 2015, 87 （5）: 2981-2987.

[23] (a) Crespo G A, Macho S, Rius F X. Ion-selective electrodes using carbon nanotubes as ion-to-electron transducers. Anal Chem, 2008, 80 (4): 1316-1322; (b) Crespo G A, Macho S, Bobacka J, et al. Transduction mechanism of carbon nanotubes in solid-contact ion-selective electrodes. Anal Chem, 2009, 81 (2): 676-681.

[24] Parra E J, Crespo G A, Riu J, Ruiz A, et al. Ion-selective electrodes using multi-walled carbon nanotubes as ion-to-electron transducers for the detection of perchlorate. Analyst, 2009, 134 (9): 1905-1910.

[25] Hernandez R, Riu J, Rius F X. Determination of calcium ion in sap using carbon nanotube-based ion-selective electrodes. Analyst, 2010, 135 (8): 1979-1985.

[26] Novell M, Parrilla M, Crespo G A, et al. Paper-based ion-selective potentiometric sensors. Anal Chem, 2012, 84 (11): 4695-4702.

[27] Chen S L, Lee H Y, Chen C A, et al. Wireless body sensor network with adaptive low-power design for biometrics and healthcare applications. IEEE Sys J, 2009, 3 (4): 398-409.

[28] Guinovart T, Parrilla M, Crespo G A, et al. Potentiometric sensors using cotton yarns, carbon nanotubes and polymeric membranes. Analyst, 2013, 138 (18): 5208-5215.

[29] Stoller M D, Park S, Zhu Y, et al. Graphene-based ultracapacitors. Nano Lett, 2008, 8 (10): 3498-3502.

[30] Li F, Ye J, Zhou M, et al. All-solid-state potassium-selective electrode using graphene as the solid contact. Analyst, 2012, 137 (3): 618-623.

[31] Ping J, Wang Y, Ying Y, et al, Application of electrochemically reduced graphene oxide on screen-printed ion-selective electrode. Anal Chem, 2012, 84 (7): 3473-3479.

[32] Hernández R, Riu J, Bobacka J, et al. Reduced graphene oxide films as solid transducers in potentiometric all-solid-state ion-selective electrodes. J Phys Chem C, 2012, 116 (42): 22570-22578.

[33] Jaworska E, Lewandowski W, Mieczkowski J, et al. Non-covalently functionalized graphene for the potentiometric sensing of zinc ions. Analyst, 2012, 137 (8): 1895-1898.

[34] Fouskaki M, Chaniotakis N. Fullerene-based electrochemical buffer layer for ion-selective electrodes. Analyst, 2008, 133 (8): 1072-1075.

[35] Shirakawa H, Louis E J, Macdiarmid A G, et al. Synthesis of electrically conducting organic polymers-halogen derivatives of polyacetylene, (CH)X. Chem Commun, 1977, 16: 578-580.

[36] Bobacka J. Conducting polymer-based solid-state ion-selective electrodes. Electroanalysis, 2006, 18 (1): 7-18.

[37] Cadogan A, Gao Z Q, Lewenstam A, et al. All-solid-state sodium-selective electrode based on a calixarene ionphore in a poly (vinyl chloride) membrane with a polypyrrole solid contact. Anal Chem, 1992, 64 (21): 496-2501.

[38] Zielińska R, Mulik E, Michalska A, et al. All-solid-state planar miniature ion-selective chloride electrode. Anal Chim Acta, 2002, 451 (2): 243-249.

[39] (a) Konopka A, Sokalski T, Michalska A, et al. Factors affecting the potentiometric response of all-solid-state solvent polymeric membrane calcium-selective electrode for low-level measurements. Anal Chem, 2004, 76 (21): 6410-6418; (b) Konopka A, Sokalski T, Lewenstam A,

et al. The influence of the conditioning procedure on potentiometric characteristics of solid contact calcium-selective electrodes in nanomolar concentration solutions. Electroanalysis, 2006, 18 (22): 2232-2242.

[40] Sutter J, Lindner E, Gyurcsányi R E, et al. A polypyrrole-based solid-contact Pb^{2+}-selective PVC-membrane electrode with a nanomolar detection limit. Anal Bioanal Chem 2004, 380 (1): 7-14.

[41] (a) Michalska A, Maksymiuk K. The influence of spontaneous charging/discharging of conducting polymer ion-to-electron transducer on potentiometric responses of all-solid-state calcium-selective e-lectrodes. J Electroanal Chem 2005, 576 (2): 339-352; (b) Michalska A, Dumanska J, Maksy-miuk K. Lowering the detection limit of ion-selective plastic membrane electrodes with conducting polymer solid contact and conducting polymer potentiometric sensors. Anal Chem, 2003, 75 (19): 4964-4974.

[42] Pandey P C, Singh G, Srivastava P K. Electrochemical synthesis of tetraphenylborate doped poly-pyrrole and its applications in designing a novel zinc and potassium ion sensor. Electroanalysis, 2002, 14 (6): 427-432.

[43] Han W S, Yoo S J, Kim S H, et al. Behavior of a polypyrrole solid contact pH-selective electrode based on tertiary amine ionophores containing different alkyl chain lengths between nitrogen and a phenyl group. Anal Sci, 2003, 19 (3): 357-360.

[44] (a) Vonau W, Gabel J, Jahn H. Potentiometric all solid-state pH glass sensors. Electrochim Acta, 2005, 50 (25-26): 4981-4987; (b) Kaden H, Jahn H, Berthold M. Study of the glass/polypyr-role interface in an all-solid-state pH sensor. Solid State Ionics, 2004, 169 (1-4): 129-133.

[45] (a) Zine N, Bausells J, Vocanson F, et al. Potassium-ion selective solid contact microelectrode based on a novel 1,3-(di-4-oxabutanol)-calix 4 arene-crown-5 neutral carrier. Electrochim Acta, 2006, 51 (24): 5075-5079; (b) de Oliveira I A M, Pla-Roca M, Escriche L, et al. Novel all-solid-state copper (II) microelectrode based on a dithiomacrocycle as a neutral carrier. Electrochim Acta, 2006, 51 (24): 5070-5074.

[46] Kisiel A, Mazur M, Kusnieruk S, et al. Polypyrrole microcapsules as a transducer for ion-selective electrodes. Electrochem Commun, 2010, 12 (11): 1568-1571.

[47] Kisiel A, Kijewska K, Mazur M, et al. Polypyrrole microcapsules in all-solid-state reference elec-trodes. Electroanalysis, 2012, 24 (1): 165-172.

[48] Bobacka J, McCarrick M, Lewenstam A, et al. All-solid-state poly (vinyl chloride) membrane ion-selective electrodes with poly (3-octylthiophene) solid internal contact. Analyst, 1994, 119 (9): 1985-1991.

[49] Paciorek R, van der Wal P D, de Rooij N E, et al. Optimization of the composition of interfaces in miniature planar chloride electrodes. Electroanalysis, 2003, 15 (15-16): 1314-1318.

[50] Sutter J, Radu A, Peper S, et al. Solid-contact polymeric membrane electrodes with detection limits in the subnanomolar range. Anal Chim Acta, 2004, 523 (1): 53-59.

[51] (a) Chumbimuni-Torres K Y, Rubinova N, Radu A, et al. Solid contact potentiometric sensors for trace level measurements. Anal Chem, 2006, 78 (4): 1318-1322; (b) Rubinova N, Chum-bimuni-Torres K, Bakker E. Solid-contact potentiometric polymer membrane microelectrodes for

the detection of silver ions at the femtomole level. Sens Actuat B-Chem, 2007, 121 (1): 135-141.

[52] Vázquez M, Bobacka J, Ivaska A, et al. Influence of oxygen and carbon dioxide on the electro-chemical stability of poly (3,4-ethylenedioxythiophene) ued as ion-to-electron transducer in all-solid-state ion-selective electrodes. Sens Actuat B: Chem, 2002, 82 (1): 7-13.

[53] (a) Bobacka J, Alaviuhkola T, Hietapelto V, et al. Solid-contact ion-selective electrodes for aro-matic cations based on π-coordinating soft carriers. Talanta, 2002, 58 (2): 341-349; (b) Alavi-uhkola T, Bobacka J, Nissinen M, et al. Synthesis, characterization, and complexation of tet-raarylborates with aromatic cations and their use in chemical sensors. Chem Euro J, 2005, 11 (7): 2071-2080.

[54] (a) Bobacka J. Potential stability of all-solid-state ion-selective electrodes using conducting polymers as ion-to-electron transducers. Anal Chem, 1999, 71 (21): 4932-4937; (b) Vazquez M, Bobacka J, Ivaska A, et al. Influence of oxygen and carbon dioxide on the electrochemical stability of poly (3,4-ethylenedioxythiophene) used as ion-to-electron transducer in all-solid-state ion-selective elec-trodes. Sens Actuat B-Chem, 2002, 82 (1): 7-13.

[55] (a) Bobacka J, Lahtinen T, Koskinen H, et al. Silver ion-selective electrodes based on pi-coordi-nating ionophores without heteroatoms. Electroanalysis, 2002, 14 (19-20): 1353-1357; (b) Bobacka J, Vaananen V, Lewenstam A, et al. Influence of anionic additive on Hg^{2+} interference on Ag^+-ISEs based on 2.2.2 p,p,p-cyclophane as neutral carrier. Talanta, 2004, 63 (1): 135-138.

[56] Lisowska-Oleksiak A, Lesinska U, Nowak A P, et al. Ionophores in polymeric membranes for selective ion recognition: impedance studies. Electrochim Acta, 2006, 51 (11): 2120-2128.

[57] Kikas T, Ivaska A. Potentiometric measurements in sequential injection analysis lab-on-valve (SIA-LOV) flow-system. Talanta, 2007, 71 (1): 160-164.

[58] Bobacka J, Alaviuhkola T, Hietapelto V, et al. Solid-contact ion-selective electrodes for aromatic cations based on pi-coordinating soft carriers. Talanta, 2002, 58 (2): 341-349.

[59] (a) Gao W, Emaminejad S, Nyein H Y Y, et al. Fully integrated wearable sensor arrays for multiplexed in situ perspiration analysis. Nature, 2016, 529 (7587): 509; (b) Nyein H Y Y, Gao W, Shahpar Z. et al. A wearable electrochemical platform for noninvasive simultaneous moni-toring of Ca^{2+} and pH. ACS Nano, 2016, 10 (7): 7216-7224.

[60] Sundfors F, Bereczki R, Bobacka J, et al. Microcavity based solid-contact ion-selective microelec-trodes. Electroanalysis, 2006, 18 (13-14): 1372-1378.

[61] Michalska A, Skompska M, Mieczkowski J, et al. Tailoring solution cast poly (3,4-dioetyloxy-thiophene) transducers for potentiometric all-solid-state ion-selective electrodes. Electroanalysis, 2006, 18 (8): 763-771.

[62] Bobacka J, Lindfors T, McCarrick M, et al. Single piece all-solid-state ion-selective electrode. Anal Chem, 1995, 67 (20): 3819-3823.

[63] Lindfors T, Sjoberg P, Bobacka J, et al. Characterization of a single-piece all-solid-state lithium-selective electrode based on soluble conducting polyaniline. Anal Chim Acta, 1999, 385 (1-3): 163-173.

[64] Lindfors T, Ivaska A. Stability of the inner polyaniline solid contact layer in all-solid-state K^+-se-lective electrodes based on plasticized poly (vinyl chloride). Anal Chem, 2004, 76 (15): 4387-

4394.

[65] (a) Grekovich A L, Markuzina N N, Mikhelson K N, et al. Conventional and solid-contact lithium-selective electrodes based on tris (N, N-dicyclohexylamide) neutral ionophore. Electroanalysis, 2002, 14 (7-8): 551-555; (b) Lindfors T, Ervela S, Ivaska A. Polyaniline as pH-sensitive component in plasticized PVC membranes. J Electroanal Chem, 2003, 560: 69-78; (c) Zachara J E, Toczylowska R, Pokrop R, et al. Miniaturised all-solid-state potentiometric ion sensors based on PVC-membranes containing conducting polymers. Sens Actuat B-Chem, 2004, 101 (1-2): 207-212.

[66] (a) Shafiee-Dastjerdi L, Alizadeh N. Coated wire linear alkylbenzenesulfonate sensor based on polypyrrole and improvement of the selectivity behavior. Anal Chim Acta, 2004, 505 (2): 195-200; (b) Toczylowska R, Pokrop R, Dybko A, et al. Planar potentiometric sensors based on Au and Ag microelectrodes and conducting polymers for flow-cell analysis. Anal Chim Acta, 2005, 540 (1): 167-172.

[67] Pandey P C, Singh G. Electrochemical synthesis of tetraphenylborate-doped polypyrrole dependence of zinc ion sensing on the polymeric microstructure. Sens Actuat B-Chem, 2002, 85 (3): 256-262.

[68] (a) Migdalski J, Blaz T, Lewenstam A. Inducing cationic sensitivity of polypyrrole films doped with metal complexing ligands by chemical and electrochemical methods. Chem Anal (Warsaw), 2002, 47 (3): 371-384; (b) Migdalski J. Modification of potentiometric selectivity of polypyrrole films doped with metal complexing ligands (PPy-MCL films). Chem Anal (Warsaw), 2002, 47 (4): 595-611.

[69] Migdalski J, Blaz T, Paczosa B, et al. Magnesium and calcium-dependent membrane potential of poly (pyrrole) films doped with adenosine triphosphate. Microchim Acta, 2003, 143 (2-3): 177-185.

[70] Paczosa-Bator B, Peltonen J, Bobacka J, et al. Influence of morphology and topography on potentiometric response of magnesium and calcium sensitive PEDOT films doped with adenosine triphosphate (ATP). Anal Chim Acta 2006, 555 (1): 118-127.

[71] Paczosa B, Blaz T, Migdalski J, et al. Conducting polymer films as model biological membranes. Electrochemical and ion-exchange properties of PPy and PEDOT films doped with heparin. Pol J Chem, 2004, 78 (9): 1543-1552.

[72] Michalska A, Maksymiuk K. Conducting polymer membranes for low activity potentiometric ion sensing. Talanta, 2004, 63 (1): 109-117.

[73] Michalska A, Galuszkiewicz A, Ogonowska M, et al. PEDOT films: multifunctional membranes for electrochemical ion sensing. J Solid State Electrochem, 2004, 8 (6): 381-389.

[74] Ersoz A, Gavalas V G, Bachas L G. Potentiometric behavior of electrodes based on overoxidized polypyrrole films. Anal Bioanal Chem, 2002, 372 (7-8): 786-790.

[75] Zhang X J, Ogorevc B, Wang J. Solid-state pH nanoelectrode based on polyaniline thin film electrodeposited onto ion-beam etched carbon fiber. Anal Chim Acta, 2002, 452 (1): 1-10.

[76] (a) Lindfors T, Ivaska A. Potentiometric and UV-vis characterisation of N-substituted polyanilines. J Electroanal Chem, 2002, 535 (1-2): 65-74; (b) Lindfors T, Ivaska A. pH sensitivity of polyaniline and its substituted derivatives. J Electroanal Chem, 2002, 531 (1): 43-52.

[77] Saha K, Agasti S S, Kim C, et al. Gold nanoparticles in chemical and biological sensing. Chem

Rev, 2012, 112 (5): 2739-2779.

[78] Jaworska E, Wojcik M, Kisiel A, et al. Gold nanoparticles solid contact for ion-selective electrodes of highly stable potential readings. Talanta, 2011, 85 (4): 1986-1989.

[79] (a) Brust M, Walker M, Bethell D, et al. Synthesis of thiol-derivatised gold nanoparticles in a two-phase liquid-liquid system. J Chem Soc Chem Commun, 1994, 7: 801-802; (b) Fink J, Kiely C J, Bethell D, et al. Self-organization of nanosized gold particles. Chem Mater, 1998, 10 (3): 922-926.

[80] Woznica E, Wojcik M M, Mieczkowski J, et al. Dithizone modified gold nanoparticles films as solid contact for Cu^{2+} ion-selective electrodes. Electroanalysis, 2013, 25 (1): 141-146.

[81] Matzeu G, Zuliani C, Diamond D. Solid-contact ion-selective electrodes (ISEs) based on ligand functionalised gold nanoparticles. Electrochim Acta, 2015, 159: 158-165.

[82] Verma A, Srivastava S, Rotello V M. Modulation of the interparticle spacing and optical behavior of nanoparticle ensembles using a single protein spacer. Chem Mater, 2005, 17 (25): 6317-6322.

[83] Huang X, Luo Y, Li Z, et al. Biolabeling hematopoietic system cells using near-infrared fluorescent gold nanoclusters. J Phys Chem C, 2011, 115 (34): 16753-16763.

[84] Dasog M, Hou W, Scott R W J. Controlled growth and catalytic activity of gold monolayer protected clusters in presence of borohydride salts. Chem Commun, 2011, 47 (30): 8569-8571.

[85] Wuelfing W P, Green S J, Pietron J J, et al. Electronic conductivity of solid-state, mixed-valent, monolayer-protected Au clusters. J Am Chem Soc, 2000, 122 (46): 11465-11472.

[86] Hrelescu C, Stehr J, Ringler M, et al. DNA melting in gold nanostove clusters. J Phys Chem C, 2010, 114 (16): 7401-7411.

[87] Zhou M, Gan S, Cai B, et al. Effective solid contact for ion-selective electrodes: tetrakis (4-chlorophenyl) borate (TB-) anions doped nanocluster films. Anal Chem, 2012, 84 (7): 3480-3483.

[88] Xu J, Jia F, Li F, et al. Simple and efficient synthesis of gold nanoclusters and their performance as solid contact of ion selective electrode. Electrochim Acta, 2016, 222: 1007-1012.

[89] An Q, Jiao L, Jia F, et al. Robust single-piece all-solid-state potassium-selective electrode with monolayer-protected Au clusters. J Electroanal Chem, 2016, 781: 272-277.

[90] Jagerszki G, Grun A, Bitter I, et al. Ionophore-gold nanoparticle conjugates for Ag^+-selective sensors with nanomolar detection limit. Chem Commun, 2010, 46 (4): 607-609.

[91] Mashhadizadeh M H, Khani H, Foroumadi A, et al. Comparative studies of mercapto thiadiazoles self-assembled on gold nanoparticle as ionophores for Cu(Ⅱ) carbon paste sensors. Anal Chim Acta, 2010, 665 (2): 208-214.

[92] Jagerszki G, Takacs A, Bitter I, et al. Solid-state ion channels for potentiometric sensing. Angew Chem Int Ed, 2011, 50 (7): 1656-1659.

[93] Woznica E, Wojcik M M, Wojciechowski M, et al. Dithizone modified gold nanoparticles films for potentiometric sensing. Anal Chem, 2012, 84 (10): 4437-4442.

[94] Ali T A, Azzam E M S, Hegazy M A, et al. Zinc(Ⅱ) modified carbon paste electrodes based on self-assembled mercapto compounds-gold-nanoparticles for its determination in water samples. J Ind Eng Chem, 2014, 20 (5): 3320-3328.

［95］ Khan A，Asiri A M，Rub M A，et al. Synthesis，characterization of silver nanoparticle embedded polyaniline tungstophosphate-nanocomposite cation exchanger and its application for heavy metal selective membrane. Composites Part B-Eng，2013，45（1）：1486-1492.

［96］ Khan A，Khan A A P，Asiri A M，et al. Synthesis of silver embedded poly（o-anisidine）molybdophosphate nano hybrid cation-exchanger applicable for membrane electrode. PLoS One，2014，9（5）：e96897.

［97］ Janrungroatsakul W，Lertvachirapaiboon C，Ngeontae W，et al. Development of coated-wire silver ion selective electrodes on paper using conductive films of silver nanoparticles. Analyst，2013，138（22）：6786-6792.

［98］ Ali T A，Mohamed G G. Potentiometric determination of La（Ⅲ）in polluted water samples using modified screen-printed electrode by self-assembled mercapto compound on silver nanoparticles. Sens Actuat B-Chem，2015，216：542-550.

［99］ Jaworska E，Kisiel A，Maksymiuk K，et al. Lowering the resistivity of polyacrylate ion-selective membranes by platinum nanoparticles addition. Anal Chem，2011，83（1）：438-445.

［100］ Samsonova E N，Lutov V M，Mikhelson K N. Solid-contact ionophore-based electrode for determination of ph in acidic media. J Solid State Electrochem，2009，13（1）：69-75.

［101］ Paczosa-Bator B. All-solid-state selective electrodes using carbon black. Talanta，2012，93：424-427.

［102］ Zhu J，Li X，Qin Y，et al. Single-piece solid-contact ion-selective electrodes with polymer-carbon nanotube composites. Sens Actuat B：Chem，2010，148（1）：166-172.

［103］ Rajabi H R，Roushani M，Shamsipur M. Development of a highly selective voltammetric sensor for nanomolar detection of mercury ions using glassy carbon electrode modified with a novel ion imprinted polymeric nanobeads and multi-wall carbon nanotubes. J Electroanal Chem，2013，693：6-22.

［104］ Scholz F，Kahlert H，Hasse U，et al. A solid-state redox buffer as interface of solid-contact ISEs. Electrochem Commun，2010，12（7）：955-957.

［105］ （a）Woźnica E，Wójcik M M，Mieczkowski J，et al. Dithizone modified gold nanoparticles films as solid contact for Cu^{2+} ion-selective electrodes. Electroanalysis，2013，25（1）：141-146；（b）Yang C，Chai Y，Yuan R，et al. Conjugates of graphene oxide covalently linked ligands and gold nanoparticles to construct silver ion graphene paste electrode. Talanta，2012，97：406-413.

［106］ Boeva Z A，Lindfors T. Few-layer graphene and polyaniline composite as ion-to-electron transducer in silicone rubber solid-contact ion-selective electrodes. Sens Actuat B：Chem，2016，224：624-631.

［107］ Cuartero M，del Río J S，Blondeau P，et al. Rubber-based substrates modified with carbon nanotubes inks to build flexible electrochemical sensors. Anal Chim Acta，2014，827：95-102.

6

生物电化学分析及信号放大策略

电化学分析法根据物质的电化学特征对物质进行分析和测量，通过向电极施加电并记录其电流、电势或电阻响应来评估分析物的浓度，是仪器分析的重要组成部分。电化学分析法以其独特的检测技术和在临床诊断中广阔的应用前景受到研究人员的特别关注。与毛细管电泳、高效液相色谱、液相色谱-串联质谱等其他检测方法相比，电化学传感器克服了检测成本高昂、操作步骤复杂等缺点，是体外检测的理想设备。电化学分析法的独特优势主要体现在：①准确度高。例如，库仑分析法和电解分析法的准确度都很高，前者特别适用于微量成分的测定，后者适用于高含量成分的测定。②灵敏度较高。例如，通过电化学分析检测血清中甲状旁腺激素相关蛋白及其肽片段，单次检测的灵敏度范围可达 $2\sim5\mu A\ (lgfM)^{-1}/cm^2$[1]，与质谱等竞争分析技术相比依然出色[2]。③检出限低。电化学分析法可以检测出微量的物质，例如，电化学免疫测定法可以检测出 ng 级别的物质。④测量范围宽。电势分析法及微库仑分析法等可用于微量组分的测定；电解分析法、电容分析法及库仑分析法则可用于中等含量组分及纯物质的分析。⑤仪器设备较简单，价格低廉。仪器的调试和操作都较简单，容易实现自动化。⑥选择性好。离子选择性电极法、极谱法及控制阴极电势电解法选择性较高。因此，电化学检测系统在各个领域都有着广泛的应用[3]。传统电化学分析法主要用于无机离子的分析，随着技术的发展，测定有机化合物的应用也日益广泛，在药物分析中的应用也越来越多。随着电极制造技术的不断进步，可穿戴检测、活体分析也成为现实。电化学分析法还可作为科学研究的工具，如化学平衡常数测定、化学反应机理研究、研究电极过程动力学、氧化还原过程、催化反应过程、有机电极过程、吸附现象等，除此之外，电化学分析法在环境监测与控制、工业自动化控制和在线分析、医疗诊断与监测等领域也有着重要的地位。

随着现代科学技术和生物医学水平的发展，医疗诊断和医学监测不再局限在临床实验室中进行，它可以在医院的护理点完成，或是由护理人员和患者在家中进行。电化学分析技术因能够满足此类需求而为即时现场检测带来了机遇。各种生物标志物因与人体健康密切相关而成为分析检测的重要对象。生物标志物是指存在于人体血液、尿液等体液或组织中与特定病理或生理过程密切相关的物质。在过去的几年中，与各种疾病相关的不同生物标志物被鉴定出来，这些疾病生物标志物的检测可以揭示疾病的健康状况和阶段，越来越受到人们的关注。检测许多疾病诊断的生物标志物，包括小分子、核酸和蛋白质，是了解其生物学和生理功能以及开发临床诊断方法的重要基础。这些分子具有存储和传递遗传信息、调节生物活性、运输小分子和催化反应的生物学功能[4]。及早及时诊断生物标志物可以防止疾病的传播和进展，并大大降低死亡率[5,6]。例如，心肌梗死、败血症和创伤性脑损伤等疾病会导致影响许多细胞和组织类型的异质性病理。生物标志物作为特定时间细胞生理状态的分子信标很重要。这些疾病产生了活跃的基因，它们各自的蛋白质产物以及由细胞产生的其他有机化学物质随着正常细胞通过复杂的转化过程转变为癌变状态，生物标志物被证明对于识别早期癌症和处于患癌症风险中的人们至关重要[7]。

随着生命科学研究要求的不断提高，在实际使用中往往需要对复杂系统的多个组件进行检测。例如，由于生物标志物对临床诊断的敏感性和特异性有限，因此通常将几种生物标志物的测量用于增强诊断目的[8]。临床诊断中对痕量及超痕量生物分子检测的要求使得科研工作者致力于提高传感器灵敏度的研究，随着纳米技术的飞速发展以及多种生物技术的兴起，学科间进一步交叉渗透融合，各种信号放大技术相继出现并成功运用于生物分析，电化学生物传感器的灵敏度不断提高，甚至达到单分子检测水平。近年来，涌现的多种信号放大策略，主要可分为以下五类：纳米材料增强的信号放大策略、酶辅助的信号放大策略、DNA 等温扩增技术信号放大策略、基于自由基聚合的信号放大策略和目标物循环信号放大策略。

6.1　生物标志物

"生物标志物"一词最早出现在 1947 年关于胎球蛋白 A 检测方法的论文中[9]，是一种客观测量并评价正常生物过程、病理过程或对药物干预反应的指示物，也是生物体受到损害时的重要预警指标。它涉及细胞分子结构和功能变化，生化代谢过程变化，生理活动异常表现以及个体、群体或整个生态系统的异常变化等[10]。广义上的生物标志物可以是生物小分子、蛋白质、DNA/RNA 或细胞，它是生物状态或状况的指标[11]。

在生物体受到损害之前，生物标志物会在分子、细胞、个体等上产生异常的信号指标。发现异常的信号指标能够提供早期警报，有助于疾病的早期诊断和治疗。这些信号指标可能是细胞分子结构和功能的变化，可能是某一生化代谢过程的变化或生成异常的代谢产物，可能是某一生理活动或某一生理活性物质的异常表现，也可能是个体或种群表现出的异常现象，这些都与后期疾病的发生和发展密切相关。

6.1.1 小分子

6.1.1.1 葡萄糖

葡萄糖是人体生命中不可缺少的小分子，它不仅为人体提供能量，而且通过调节细胞内葡萄糖水平来控制细胞活动。例如，治疗癌症的重要方法之一是阻断细胞内葡萄糖摄取，这可以有效抑制癌细胞的活性[12]。同时，葡萄糖也是新陈代谢的重要中间体。正常人体血液中葡萄糖的含量为 $3.9 \sim 6.1 mmol/L$。当血糖水平偏离正常范围时，可能会对人体造成严重损害，包括组织损伤、中风、心脏病发作等[13]。此外，糖尿病是一种常见的代谢性疾病，其主要特征是血糖水平高。血糖紊乱也见于胰腺外分泌（胰腺炎、囊性纤维化等）和内分泌疾病（库欣综合征、肢端肥大症等)[14]。如今，自我监测血糖水平是管理糖尿病和其他相关疾病的最有效方法。除上述应用外，葡萄糖检测还应用于人工味觉传感器和食品及饮料的质量控制。

市场上的葡萄糖传感器通过测量葡萄糖在酶催化下产生的生化反应产物来量化葡萄糖，包括葡萄糖氧化酶-过氧化物法、葡萄糖脱氢酶和己糖激酶法[15]。葡萄糖氧化酶-过氧化物法通常用于便携式血糖仪（指刺血检测）和自我监测血糖仪（间质液检测），其基于产品（H_2O_2）和葡萄糖氧化反应过程中的电子转移。在己糖激酶法中，己糖激酶催化的葡萄糖磷酸化产物在葡萄糖磷酸脱氢的级联催化下可以与烟酰胺腺嘌呤二核苷酸磷酸反应并产生化学发光信号，此方法具有高度的准确度和精确度，但需要大型且昂贵的设备，通常用于医院和实验室研究。尽管这些方法被广泛报道甚至商业化，但其灵敏度、稳定性和非侵袭检测仍面临挑战。因此，葡萄糖的准确、高选择性、高灵敏度、无创的检测方法是一个重要的研究方向。

6.1.1.2 尿酸

尿酸（uric acid，UA）是人体内嘌呤代谢的最终产物，正常人体内的尿酸大约有 $1200 mg$，每天新生成约 $600 mg$，同时排泄掉 $600 mg$，处于平衡的状态。临床上正常的尿酸值，男性为 $149 \sim 416 \mu mol/L$，女性为 $89 \sim 357 \mu mol/L$。如果体内来不及排泄尿酸或者尿酸排泄机制退化，会导致其含量高于正常值，引发痛风、关节疼痛或肿胀畸形、慢性关节炎、痛风石和痛风性肾病等疾病。当人体肾功能减退时，或长期过量摄入动物内脏、红肉、甜点等富含嘌呤的食物而排泄机制不能应对时，均会导致身体尿酸含量过多。此外，遗传、高龄、长期处于高温易脱水的环境也会导致尿酸含量高于正常值。尿酸低则通常无特殊症状。尿酸低于正常范围的原因可能受饮食不当、遗传、肾脏功能问题、肝脏疾病、糖尿病等影响[16]。

近十年来，人们对不同的 UA 分析技术进行了大量的研究，包括毛细管电泳、高效液相色谱、液相色谱-串联质谱等[17,18]。这些方法虽然具有较高的可靠性，但也存在成本高、操作烦琐等缺点。因此，开发成本低、操作方便的电化学 UA 传感器显得尤为重要。在 O_2 存在的情况下，UA 可被尿酸氧化酶（urate oxidase，UOx）氧化成尿囊素、H_2O_2 和 CO_2，反应公式为：

$$UA + O_2 + H_2O \xrightarrow{\text{UOx}} 尿囊素 + CO_2 + H_2O_2$$

通过记录发生氧化反应产生的电流值，即得到待测物 UA 的含量，此反应常被用于 UA 的电化学检测。

6.1.1.3 胆固醇

胆固醇（cholesterol）是哺乳动物中主要的甾体类化合物，在基本的细胞生命活动中起重要作用。它可以通过一系列酶和代谢途径进行转化，参与机体内糖、蛋白质、脂肪、水、电解质和矿物质等物质的代谢。血清中总胆固醇包括游离胆固醇和胆固醇，正常人血清中总胆固醇含量约为 $3.0 \sim 5.2 mmol/L$。如果胆固醇含量高于正常值可能会出现四肢易麻木、小腿抽筋、视力模糊、头晕、心慌等情况。胆固醇高于正常值的原因有：阻塞性黄疸和饮食不当（过多进食含高胆固醇的食物）。胆固醇低于正常范围的人免疫系统功能会下降，容易罹患各种感染性疾病。因此，检测血清胆固醇含量对于高胆固醇血症、胆固醇结石、肺癌、冠状动脉硬化、冠心病和缺血性脑卒中等疾病的确诊和治疗至关重要[19]。

与葡萄糖检测方法类似，目前检测胆固醇主要有两种策略，基于酶的方法和非酶化学修饰电极法。大多数胆固醇测量方法是基于固定在电极表面的胆固醇氧化酶（cholesterol oxidase，ChOx）。酶法测定胆固醇是基于 ChOx 反应，即胆固醇选择性氧化为胆甾-4-烯-3-酮和 H_2O_2。反应机理如下：

$$胆固醇 + O_2 \xrightarrow{\text{ChOx}} 胆甾\text{-}4\text{-}烯\text{-}3\text{-}酮 + H_2O_2$$

6.1.1.4 多巴胺

多巴胺（dopamine，DA）是大脑中含量最丰富的儿茶酚胺类神经递质，它可以调控中枢神经系统的多种生理功能，与大脑的动机和奖赏复杂系统有重要联系。大脑中不平衡的 DA 水平会导致一系列症状和问题，如帕金森病、精神分裂症、抽动综合征、注意力缺陷多动综合征和垂体肿瘤的发生等[20]。

在临床应用中在治疗休克时除常规扩容、考虑原发病、酸碱平衡，还要根据病情需要及时补充中小剂量DA，使重要器官的血管扩张，有限的血流重新分配，使心输出量有所增加，血压适当提高。对于心力衰竭的人，将药物与DA结合可以起到互补作用。此外，DA还有利尿保护肾脏的作用。因此，DA的检测和实时电化学监测至关重要。

6.1.2 核酸

6.1.2.1 DNA

DNA携带合成RNA和蛋白质所必需的遗传信息，是生物体发育和正常运行非常重要的生物大分子。它是由脱氧核苷酸组成的长链大分子聚合物，链宽2.2～2.6nm，每个核苷酸单体长度为0.33nm，DNA的每个链含有数百万个脱氧核苷酸。脱氧核苷酸由碱基、脱氧核糖和磷酸构成。其中碱基有4种：腺嘌呤（adenine，A）、鸟嘌呤（guanine，G）、胸腺嘧啶（thymine，T）和胞嘧啶（cytosine，C），这些碱基的排列顺序构成遗传信息，遗传信息再通过转录过程转变成RNA，其中的mRNA通过翻译产生多肽，形成蛋白质[21,22]。

DNA检测技术已经广泛应用于多个领域，比如生命科学、医学临床检测、环境监测等等。①疾病诊断：DNA检测技术可以用于疾病的诊断和治疗，如感染性疾病、癌症和遗传病等。判断病患体内是否存在某种病原体的DNA可以通过PCR技术检测，以帮助确诊和治疗[23]。DNA检测技术还可以对某些遗传疾病进行检测，帮助家庭进行遗传咨询和孕前诊断[24]。②食品安全检测：DNA检测技术可以用于检测食品安全，检测食品是否含有添加剂和有害物质。例如，可以通过PCR技术检测食品中是否存在转基因成分[25]。③生物多样性保护：DNA检测技术可以用于生物多样性保护，通过检测野生动植物的DNA序列了解它们的进化。例如，通过PCR扩增和分析技术对大熊猫DNA序列进行检测，了解不同野生大熊猫个体之间的遗传差异，进而推断出种群结构[26]。

6.1.2.2 MicroRNA（miRNA）

核糖核酸（ribonucleic acid，RNA）是存在于生物细胞以及部分病毒、类病毒中的遗传信息载体，其是由核糖核苷酸经磷酸二酯键缩合而成的长链状分子，在体内的作用主要是引导蛋白质的合成。其中miRNA是在真核生物中发现的一类内源性的具有调控功能的非编码RNA，其大小约20～25个核苷酸。成熟的miRNAs是由较长的初级转录物经过一系列核酸酶的剪切加工而产生的，随后组装进RNA诱导的沉默复合体，通过碱基互补配对的方式识别靶

mRNA，并根据互补程度的不同指导沉默复合体降解靶 mRNA 或者阻遏靶 mRNA 的翻译[27]。研究表明，miRNA 参与各种各样的调节途径，包括发育、病毒防御、造血过程、器官形成、细胞增殖和凋亡、脂肪代谢等等。miRNA 可以进入血清、血浆、脑脊液和其他体液进行循环，具有相对较高的化学稳定性，且在癌细胞和组织中具有极高的特异性。因此，可以在癌症中用作肿瘤抑制基因，同时用于癌症的早期检测。比如，外泌体-miRNA（ex-miRNA）有可能预测药物疗效和耐药性。外泌体 miR-34a 是一种细胞内和外体预测性生物标志物，与前列腺癌的发展具有临床相关性，它被证明是表达多西他赛耐药性在去势抵抗性前列腺癌中成功治疗的预测标志物[28]。因此，miRNA 作为一种新的、可靠的生物标志物，在遗传性疾病的诊断、感染性病原体检测、肿瘤易感基因检测等领域有重要应用价值。

6.1.3 蛋白质

6.1.3.1 甲胎蛋白

甲胎蛋白（α-fetoprotein，AFP）的中文全称为甲种胎儿球蛋白，它是一种糖蛋白，主要由胎儿肝细胞和卵黄囊合成。甲胎蛋白在胎儿时期具有较高的浓度，出生后基本被白蛋白替代，在成人血清中含量极低，所以在血液中较难检出。AFP 具有与配体结合和运输的功能，可与多种药物和 Cu^{2+}、Ni^{2+}、脂肪酸、类固醇等结合并转运；AFP 作为一种生长调节因子，具有免疫抑制、T 淋巴细胞诱导凋亡等生理功能[29]。AFP 与肝癌及多种肿瘤的发生发展密切相关，其浓度可作为多种肿瘤的阳性检测指标。临床上主要作为原发性肝癌的血清标志物，用于原发性肝癌的诊断及疗效监测。

血清中 AFP 含量的正常参考值为小于 $25\mu g/L$（$25ng/mL$）。一般妊娠期会导致 AFP 增高，因为胎儿肝脏与卵黄囊分泌 AFP，但不会超过 $400\mu g/L$，并在产后 3 周后逐渐恢复正常水平，若高出孕妇正常水平，可能是胎儿发育异常有缺陷。除此之外，血清中 AFP 含量与肝细胞受损程度呈正相关，AFP 含量越高证明病情越重。急慢性肝炎、肝硬化患者血清中可检出 AFP 的范围在 $50\sim200\mu g/L$，少数病人可暂时升高到 $400\mu g/L$ 以上[29]。

6.1.3.2 血红蛋白

血红蛋白是红细胞内运输氧的特殊蛋白质，其含量的升高和降低会影响身体健康，具有一定的临床意义。正常成年男性血红蛋白含量在 $120\sim160g/L$，成年女性血红蛋白含量在 $110\sim150g/L$，低于 $110g/L$ 为轻度贫血，低于 $90g/L$ 为中度贫血，低于 $70g/L$ 为重度贫血。血红蛋白增多有以下情况：高原居民、胎儿和新生儿，人剧烈活动、恐惧时；具有法洛四联征、紫绀型先天性心脏病、阻塞性肺气肿、肺源性心脏病、肺动脉瘘等严重的先天性及后天性心肺疾患和血管畸形；肾癌、肝细胞癌、肾胚胎瘤及肾盂积水、多囊肾等某些肿瘤或肾脏疾病。血红蛋白减少常见于以下情况：处于发育期的儿童因生长发育迅速而导致的造血系统造血的相对不足；妊娠中期和后期由于妊娠血容量增加而使血液被稀释；老年人的骨髓造血功能逐渐降低；由于再生障碍性贫血、骨髓纤维化等造成骨髓造血功能衰竭。因此，血红蛋白的检测对于疾病的早期诊断和治疗具有重要意义[30]。

6.1.3.3　凝血酶

凝血酶（thrombin，TB）是一种钠激活的变构丝氨酸蛋白酶，在凝血级联反应中充当中心蛋白酶[31]。血管损伤后，凝血酶通过一系列酶裂解从无活性的酶原凝血酶中迅速产生。活化的凝血酶将纤维蛋白原裂解成纤维蛋白，并在血管损伤部位形成凝块以防止出血。凝血酶和灭活凝血酶原在生理和病理性凝血中起着至关重要的作用，与阿尔茨海默病和癌症等多种疾病有关。

凝血酶在正常情况下不存在于血液中，但其非活性形式凝血酶原以 $1.2\mu mol/L$ 的浓度分泌到血液中。在凝血过程中，凝血酶的浓度可能在 pmol/L 到 $\mu mol/L$ 水平之间变化[32]。因此，检测需要具有足够低的检测限和适当的线性范围。基于凝血的测定法、基于酶活性的测定法和免疫测定已被开发用于检测和定量血液中的凝血酶。

6.1.3.4　前列腺特异性抗原

20 世纪 60 年代末，在研究免疫避孕过程中 Hare 等人发现在前列腺液及精液中含有一种分子量大约 34000 的精液特异性蛋白质。1979 年，这种蛋白质被从前列腺组织中提取并得到纯化。由于这种蛋白只在前列腺组织（人前列腺腺泡和导管上皮细胞的细胞质）中存在，在其他细胞中不表达，被命名为前列腺特异性抗原（prostate specific antigen，PSA）。当人体罹患良性前列腺增生（BPH）、前列腺上皮内瘤变（PIN）、前列腺癌、急性或慢性前列腺炎以及其他前列腺非恶性疾病时，血液中 PSA 总水平会升高[33]。

PSA 是目前公认的唯一具有器官特异性的肿瘤标志物，是前列腺癌的特异性标志物[34]。血清 PSA 检测是早期发现前列腺存在病变的重要方法[35]。PSA 正常水平为小于 4ng/mL，大于 10ng/mL 为高 PSA 水平，4～10ng/mL 之间的水平则属于一个灰色区域，需要医生再进一步测试[36]。

6.1.3.5　癌胚抗原

癌胚抗原（carcinoembryonic antigen，CEA）是一种肿瘤相关抗原，1965 年由 Gold 和 Freedman 首次从结肠癌和胚胎组织中提取[37]，之后肿瘤患者、吸烟人群和有某些其他非恶性疾病患者的血液中也检测到 CEA 浓度的升高。

CEA 在细胞浆中形成，存在于正常细胞细胞膜的腔内侧，并通过细胞膜分泌到细胞外，可在多种体液和排泄物中检出。CEA 因其可以抑制细胞凋亡，因此参与肿瘤发病机制。以往 CEA 被用作早期诊断结肠癌和直肠癌的特异性标志物。经过大量的临床实践，观察到 CEA 值不仅在胃肠道恶性肿瘤中可以升高，在乳腺癌、肺癌等恶性肿瘤的血清中也可以升高。CEA 是一种广谱肿瘤标志物，在恶性肿瘤的鉴别诊断、疾病监测、疗效评价等方面具有重要的临床意义，但不能作为诊断某些恶性肿瘤的特异性指标。

CEA 正常值参考范围为 $\leqslant 5.0\mu g/L$，超出正常值可能预示肠炎、肺炎、心血管疾病、肾功能不全、结肠息肉、肝硬化、慢性肝炎或阑尾黏液囊腺瘤等疾病的出现。对于肺癌预后，当血清 CEA 水平处于 $5\sim 10\mu g/L$ 表明预后良好，局部疾病和复发可能性低。血清 CEA 水平 $>10\mu g/L$ 表示预后较差，复发的可能性较高。血清水平 $>20\mu g/L$ 一般与乳腺癌和结肠癌的转移性疾病有关。

6.1.3.6　癌抗原 125

癌抗原 125（cancer antigen 125，CA125）是一种蛋白质，一般不在正常卵巢组织中存在，常见于卵巢上皮性肿瘤（浆液性肿瘤）患者的血清中。血清中 CA125 的临床正常参考值范围是 $0\sim 35kU/L$。如果 CA125 值过高，则提示上皮性卵巢癌和输卵管癌的可能性。此外，CA125 值升高也可能是乳腺癌、胰腺癌、胃癌、肺癌、结直肠癌等肿瘤导致。但是 CA125 值超出正常范围并不一定就是癌症，一些妇科的常见良性疾病也可以导致 CA125 值升高，比如盆腔子宫内膜异位症、卵巢巧克力囊肿、子宫内膜炎、子宫腺肌病、卵巢疾病、子宫肌瘤等。除此之外，子宫腺肌病也会使 CA125 值稍微升高，该疾病会使女生引起痛经、经量增多甚至不孕[38]。

6.1.4　细胞

循环肿瘤细胞（circulating tumor cells，CTC）是从原肿瘤或转移性肿瘤自然脱落后在血液中循环的癌细胞，可能导致新的转移，是癌症相关死亡的主要原因。随着分子成像、基因组测序、单细胞分析、转移模型建立等新技术的发展，已证实 CTC 诱导的转移过程包括侵袭远端组织、定居在支持性生态位和超越宿主器官三个阶段[39]。临床检测 CTC 有利于监测术后患者肿瘤复发转移情况，评价抗肿瘤药物的敏感性和患者预后，有利于选择个性化治疗策略，具有非常重要的意义。CTC 的正常检测值小于 2，证明可能检测不到或检测到的水平相对较低。如果 CTC 测量值在 $2\sim 5$ 之间，则表明其存在疾病的可能性，体内含有肿瘤细胞，但风险相对而言比较低。如果 CTC 值高于 5，则证明指标相对较高，患者可能患有疾病进展或不良好预后。

1869 年，Ashworth 教授通过比较 CTC 与不同肿瘤细胞的形态首次在一位癌症患者的血液中发现了 CTC[40]。迄今，CTC 的发现已过去了 150 多年。但在 20 世纪 90 年代中期之前，对 CTC 的研究很少。这是因为 CTC 是血管中极为罕见的一类细胞，50 亿个红细胞和 1000 万个白细胞中只有几个 CTC，因此，其检测在技术上具有挑战性。近二十年来，随着医学、肿瘤学、生物学、材料科学、化学等多学科研究的发展，CTC 的检测受到越来越多的关注。特别是近十多年来，CTC 已成为一个研究热点。

6.2　信号放大策略

6.2.1　纳米材料增强的信号放大策略

纳米材料是指在三维空间里有至少一维的尺寸处于纳米尺度（1～100nm）之间的材料或由它们作为基本单元构成的复合材料。纳米材料具有优良的生物相容性、高的比表面积、良好的化学稳定性、催化性能及导电性等。此外，纳米材料在保持酶、抗体、适配体等生物分子的活性以及促进酶与底物之间的电子传输等方面有重要作用，使其不仅可以作为性能优越的信号转换器，还可用于信号的产生和增强，在提高分析检测灵敏度方面发挥着重要的作用，因此在多种电化学生物传感器的构建中大受欢迎，如图 6.1 所示，基于纳米材料的信号放大策略在基因传感器、细胞传感器、免疫传感器、酶传感器等领域都有广泛的应用。

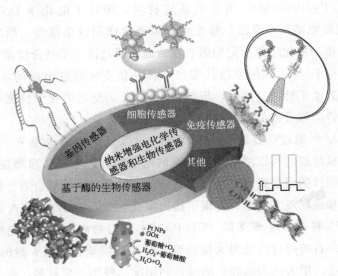

图 6.1　纳米材料作为信号放大策略用于电化学传感器

目前，纳米材料在实现电化学传感器信号放大目的方面主要发挥的作用为：①作为生物分子的固载基质用于传感器电极基底的构建和修饰，增加电极的比表面积，增大电活性分子与电极间的电子转移速率，提高传感器的生物性能。②作为电催化剂，通过自身特有的催化性质进行信号放大；③用作纳米载体，作为抗体或适配体分子的标记材料，利用纳米材料大的比表面和良好的生物相容性可以将抗体或适配体固载在电极表面用于信号放大；④作为信号标签，利用自身的氧化还原活性提供放大的电化学信号。

6.2.1.1　作为生物分子固载基质用于信号增强

纳米材料具有强的吸附能力，可以极大地增加电极表面的有效面积，提高电子传输效率，因此可将分子识别元件有效地固载到电极表面并保持电极表面的稳定性，从而改善传感器的分析性能。具体而言，纳米材料通常具有丰富的活性位点，这些位点可以吸附反应物质并降低其活化能，这种吸附和解吸附过程可以加速反应物质在电极表面的转化，从而提高反应速率。

Li 等[41]通过电沉积的方法制备树枝状纳米金为电极基底材料以提供增加的电极表面积，用于固载巯基修饰的捕获 DNA，构建了用于 Pb^{2+} 检测的电化学传感器。捕获的 DNA 分子与 Pb^{2+} 特异性适配体分子杂交形成 DNA 双链体，可引起探针分子亚甲基蓝出现可测量的电化学信号，所制造的生物传感器在 1.0×10^{-10} mol/L 至 1.0×10^{-7} mol/L 范围内显示出对 Pb^{2+} 浓度的对数线性响应，检测限为 7.5×10^{-11} mol/L。

Miodek 等[42]利用聚乙二胺修饰聚吡咯功能化的多壁碳纳米管（MWCNT/PPy/PAMAM）为电极基底材料，构建了电化学 DNA 传感器。MWCNT 表面吡咯环与聚乙二胺发生氨基链接作用成功修饰，然后将二茂铁基团（Fc）作为氧化还原标记物附着在表面，通过进一步共价连接捕获 DNA，用于识别目标 DNA。采用方波伏安法和循环伏安法研究电极的电化学性质，证明了有效的电子转移。同时，传感器在 DNA 杂交的电化学检测中表现出优异的性能，检测限可以低至 0.3fmol/L。

Bao 等人[43]通过在石墨烯（GR）纳米片生长铂钯纳米粒子（PtPd NPs）作为修饰电极材料，可以增强电极表面的电子转移速率，从而增强电流信号，同时为捕获探针的组装提供了丰富的结合位点。通过采用结合目标物驱动的信号分子释放和级联放大策略，实现了检出限低至 16fg/mL 的 CEA 灵敏检测。

Liu 等[44]将石墨烯-聚苯胺（GR-PANI）复合物修饰在玻碳电极上作为电极基底材料。石墨烯可以吸附大量的聚苯胺，而聚苯胺含有大量的氨基基团，可增强导电性，增大比表面积。同时，利用戊二醛作为交联剂，通过共价作用固定大量含氨基的多巴胺适配体，用于识别目标物多巴胺 ［图 6.2(a)］。传感器对多巴胺的线性响应范围为 $0.007\sim90nmol/L$，检出限为 $0.00198nmol/L$，并在人血清样品上得到成功应用。

Azimzadeh 等[45]通过将电化学方法和纳米材料的优点相结合，制备了一种用于血浆 miR-155 检测的新型电化学纳米生物传感器 [图 6.2(b)]。该传感器基于修饰在玻碳电极（GCE）表面氧化石墨烯（GO）片上的巯基探针功能化金纳米棒（GNRs）来增强生物传感器的灵敏度。石墨烯片为电子传输提供了高表面积、高导电性、高机械强度，GNR 具有生物相容性、化学稳定性、高表面积和快速电子转移的性能。电化学信号与目标 miRNA 的浓度在 $2.0fmol/L$ 至 $8.0pmol/L$ 之间呈线性关系，检出限为 $0.6fmol/L$。

6.2.1.2 作为催化剂用于信号增强

纳米颗粒往往具有很大的比表面积，每克固体的比表面积能达到几百甚至上千平方米，这使得它们可以作为高活性的吸附剂和催化剂。纳米颗粒通过催化底物加快反应速率提供放大的电化学信号，当纳米材料被引入电极表面时，其特殊的电子结构和晶体缺陷可以显著影响电化学反应的动力学过程。此外，其高电导率也有助于电子传递，进一步促进电化学反应的进行。电化学催化作用使得纳米材料修饰电极在相同电势下能够实现更高的电流响应，从而提高分析检测的灵敏度。

由于具有与天然过氧化物酶相似的性质，Pt、MnO_2 和 Fe_3O_4 纳米粒子通常对 H_2O_2 表现出优异的电催化能力。Zhang 等[46]在 TiO_2 上以 Pt 单原子作为电子促进剂的催化剂，该催化剂表现出优异的催化性能，用于直接合成 H_2O_2。Wu 等人[47]开发了 $Fe_3O_4@MnO_2@Pt$ 纳米复合材料修饰电极制备了电化学免疫传感器，用于 CEA 的灵敏检测 [图 6.3(a)]。Fe_3O_4 纳米粒子有助于磁性分离，而且可以在洗涤过程中减少纳米粒子的损失。MnO_2 纳米片具有大表面积，可以与 Fe_3O_4 和 Pt 纳米粒子紧密结合，相互作用。$Fe_3O_4@MnO_2@Pt$ 纳米粒子可以综合 Fe_3O_4、MnO_2 和 Pt 纳米粒子的优点，并且通过它们的协同作用而改善性能，增强纳米粒子对 H_2O_2 的还原能力，该方法对 CEA 的检测具有高灵敏度和选择性，检出限为 $0.16pg/mL$。

Ding 等人[48]利用氧化石墨烯-Fe_3O_4-硫堇（GO-Fe_3O_4-Thi）探针和二茂铁（Fc）功能化的两种防污肽构建了一个用于检测前列腺特异性抗原（PSA）的双模防污电化学传感平台 [图 6.3(b)]。氧化石墨烯-Fe_3O_4-硫堇（GO-Fe_3O_4-Thi）探针能够被 PSA 识别和切割，导致电极电导率降低。PSA 的浓度可以通过 Thi 的微分脉冲伏安法（DPV）信号变化的增加和 GO-Fe_3O_4 电催化 H_2O_2 还原的计时电流法（CA）信号的减少来测量。后者的 DPV 信号保持恒定，与 PSA 的存在无关，可以将其用作内部参比，以确保测量的可靠性

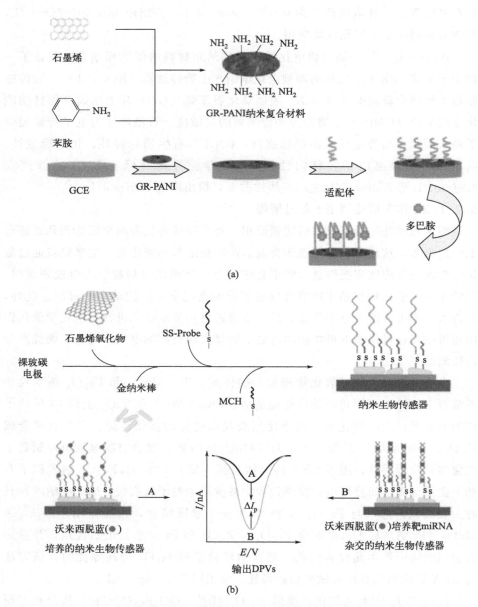

图 6.2 （a）以石墨烯-聚苯胺为电极基底材料实现信号放大的原理图[44]；
（b）基于金纳米棒-石墨烯复合材料的电化学生物传感器示意图[45]

和准确性。双模 PSA 传感器具有 5pg/mL 至 10ng/mL 的宽线性范围，在 DPV 和 CA 模式下的检测限分别为 0.76pg/mL 和 0.42pg/mL。

6.2.1.3　作为抗体或适配体分子的标记材料用于信号增强

某些纳米材料具有大的比表面积和多孔特性，在其表面或孔内可负载大量

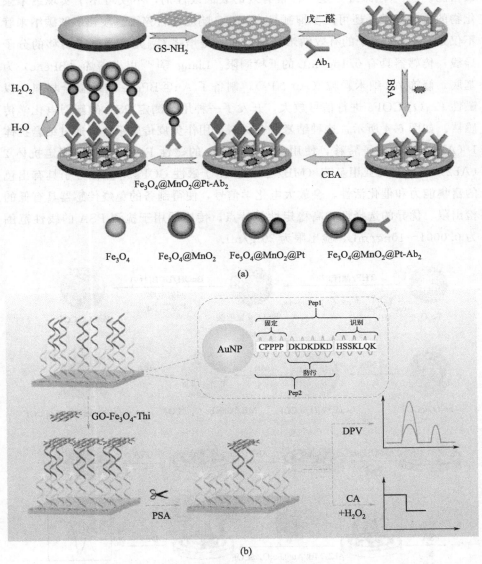

图 6.3 (a) 基于 $Fe_3O_4@MnO_2@Pt$ 的免疫传感器构建过程[47]；(b) 基于
$GO\text{-}Fe_3O_4\text{-}Thi$ 复合材料的电化学生物传感器示意图[48]（彩图见文前）

信号探针或具有催化活性的纳米粒子来放大信号。此外，纳米材料通常具有极好的生物相容性，可通过静电、疏水相互作用、π-π 堆积等与蛋白相互作用，是极好的纳米载体，用于受体分子、酶分子、抗体等的负载。

Hu 等[49]报道了一种基于羧化多壁碳纳米管-刚果红-富勒烯纳米杂化物（$MWNTCOOH\text{-}CR\text{-}C_{60}$）的电化学生物传感器用于癌胚抗原（CEA）的超灵

敏检测。CR（刚果红）是一种很有效的表面改性剂，不仅可用于实现纳米杂化物的水性分散，还可用于抑制 C_{60} 的 PEC 响应的自猝灭。羧化多壁碳纳米管不仅是 C_{60} 和大分子的有效纳米载体，而且是增强 C_{60} 光诱导电子转移的分子导线，传感器具有 0.1pg/mL 的低检测限。Liang 等[50]以黑磷烯（BPene）为基底，修饰 Au 纳米颗粒（Au NPs），制备了 Au@BPene 纳米复合材料，以磁性 Fe_3O_4-COFs 进行信号放大，开发了一种用于测定 PSA 的新型电化学传感器。如图 6.4 所示，这种纳米复合材料被用作免疫传感平台，通过结合抗体 1（Ab1）改善电子转移，使用负载 Au NPs 的磁性 Fe_3O_4-COFs 固定抗体 2（Ab2）和丰富的亚甲基蓝（MB）探针。由于磁性 COFs 对探针分子具有出色的富集能力和催化活性，会放大电化学信号，使得制备的免疫传感器具有低的检出限、优异的选择性和高稳定性等特点。传感器用于检测 PSA 的线性范围为 0.0001～10ng/mL，检出限为 30fg/mL。

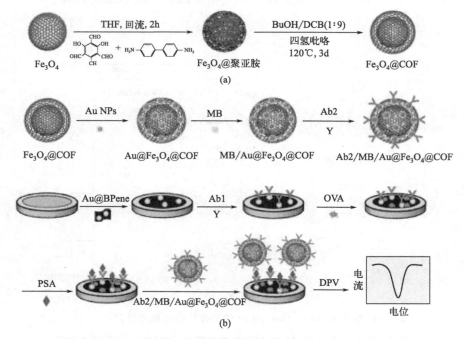

图 6.4 （a）Fe_3O_4-COFs 纳米材料的制备过程[50]；（b）基于 Ab_2/MB/Au@ Fe_3O_4-COFs 复合材料的电化学生物传感器示意图[50]

6.2.1.4 作为信号标签用于信号增强

某些纳米材料本身含有可以被电化学氧化或还原的元素，其自身就能够作为电化学活性物质来提供放大的电化学信号，可通过阳极溶出伏安等方式提供放大的信号输出，较为典型的材料是量子点及银纳米颗粒。量子点具有能够被氧化的金属组分，可产生明显且尖锐的溶出伏安信号，因此常在生物传感器中被用作信号标记物提供灵敏的响应信号。

Wang 等[51]使用基于量子点的近红外电化学发光免疫传感器与金纳米粒子-石墨烯纳米片杂化物和二氧化硅纳米球双辅助信号放大，成功实现了人体血红蛋白的超灵敏检测 [图 6.5(a)]。通过在量子点（CdTe/CdS，QD）标记的二氧化硅纳米球上共价组装 IgG 抗体（Ab2）来设计近红外 ECL 纳米探针（SiO$_2$-QD-Ab2）。金纳米粒子-石墨烯纳米片（Au-GN）杂化物用作初始抗体（Ab1）附着的有效基质，它的引入加速了电子转移速率以放大电化学信号，

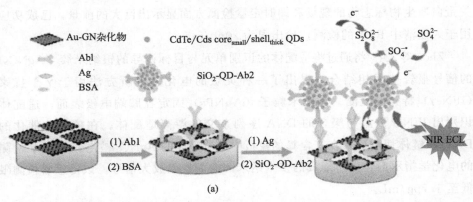

(a)

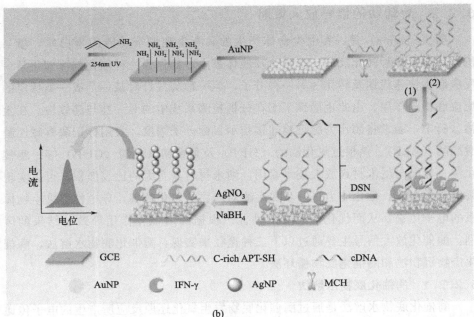

(b)

图 6.5 （a）纳米材料作为信号标签用于测试血红蛋白的生物传感器[51]；
（b）纳米材料作为信号标签用于测试 γ 干扰素的生物电化学传感器[53]（彩图见文前）

并为抗体的固定化提供了生物相容的微环境。选择 SiO_2 纳米球作为纳米载体，负载大量量子点（CdTe/CdS，QD），首次开发了基于量子点的近红外电化学发光免疫传感器，检测限为 87fg/mL。Liu 等[52]通过将免疫层析试纸技术与电化学免疫测定相结合，利用量子点（QD，CdS@ZnS）作为放大信号输出的标记，制备了一次性电化学免疫传感器。其对免疫层析试纸条进行夹心免疫反应，用嵌入测试区膜下方的一次性丝网印刷电极对溶解金属组分（镉）进行高灵敏度循环式伏安剥离法测定测试区捕获的 QD 标记。新设备与便携式电化学分析仪相结合，提高了测试速度、降低了成本、提高了灵敏度，在疾病相关蛋白质生物标志物的现场和即时定量检测方面显示出巨大的前景，已成功应用于人血清中 PSA 的检测，检出限为 20pg/mL。

Zhou 等人[53]将通过将适配体的识别单元与目标诱导的银纳米簇（AgNCs）的信号报告基因相结合，提出了一种灵敏的电化学分析方法用于 γ 干扰素（IFN-γ）特异性检测。金纳米粒子（AuNPs）固定在胺端电极表面，适配体识别出 IFN-γ 以及与缀合的 DNA 序列杂交的游离适配体。在核酸酶催化的 DNA 双链体切割后，在富含 C 的模板中原位生成的 AgNCs 被用作 IFN-γ 检测的电化学指示剂，由于形成的多个纳米团簇而提供放大信号。该传感器检测限低至 1.7pg/mL。

6.2.2 酶辅助的信号放大策略

酶（enzyme）是一类由生命体产生的具有生理调节功能的蛋白质，参与机体代谢及各种转化反应，在催化反应体系中，酶作为一种催化剂可催化某一反应底物快速代谢及转化为另一种分子，但一种酶只针对某一个或一类特定的反应底物起作用，由此也确保了酶在分析检测系统中的专一性与高效性。在生物分析中，通常将酶作为标记物间接指示目标分子浓度，常用标记酶有碱性磷酸酯酶（ALP）、辣根过氧化物酶（HRP）及葡萄糖氧化酶（GOD）等。酶催化法一般要与纳米材料放大技术联用，纳米材料具有大的比表面积，可以实现酶的高效固载，催化能力进一步提高酶对底物的转化效率，导电性促进生物体系的电子传输，从而优化传感器的性能。根据酶的催化作用导致的结果的区别，酶催化放大信号主要通过以下三种途径来实现：酶催化底物水解法、酶催化产物沉积法和酶催化底物循环法。

6.2.2.1 酶催化底物水解法

酶催化底物水解法是通过酶催化底物发生氧化还原反应所产生的电子传递来增强电化学信号。到目前为止，测量磷酸化 p53 蛋白最流行的方法是酶联免疫吸附测定（ELISA）[54]，但是它的检测限非常低，而且要涉及多个孵育和洗涤步骤，且成本较高。与 ELISA 方法相比，电化学免疫分析法具有便携性、低成本、灵敏度高、低检测限的优点。Du 等[55]报道了一种新的电化学免疫传感器，用于超灵敏地检测 Ser392 处的磷酸化 p53（磷酸-p53^{392}），该传感器基于氧化石墨烯（GO）作为多酶扩增策略中的纳米载体。通过使用以辣根过氧化物酶（HRP）和 p53^{392}信号抗体（p53^{392} Ab2）为特征的生物偶联物连接到功能化 GO 上（HRP-p53^{392} Ab2-GO），实现了显著增强的敏感性。通过夹心免疫反应固载于电极表面后，HRP 催化底液中的 H_2O_2 分解，HRP-p53^{392} Ab2-GO 通过在 H_2O_2 存在下还原酶氧化的硫氨酸而产生放大的电催化反应。增加的响应电流与磷酸-p53^{392}浓度在 0.02～2nmol/L 范围内成正比，检测限为 0.01nmol/L。并且，该传感器具有良好的重现性和稳定性。这种简单且低成本的免疫传感器在检测其他磷酸化蛋白和临床应用方面显示出巨大的前景。

基于抗原-抗体结合的高灵敏度蛋白检测的发展在人类疾病的预后治疗中起着关键作用。电化学免疫分析法在蛋白质检测中广受关注。然而，提高灵敏度对于临床应用的成功至关重要[56]。可以通过增加固定化抗体和标记物的数量以及使用合适的信号放大策略来提高灵敏度。具有负表面电荷的树枝状纳米结构可用作纳米载体，用于固定越来越多的抗体和标记物。Jeong 等[57]通过将 CEA 抗体（anti-CEA，Ab1）和介体（蛋氨酸，Th）共价固定在树枝状金纳米颗粒上，制得了具有高灵敏度的电化学癌胚抗原（CEA）免疫传感器。使用多壁碳纳米管（MWCNT）修饰的二抗（Ab2）偶联的多种双酶：葡萄糖氧化酶（GOx）和辣根过氧化物酶（HRP）（Ab2/MWCNT/GOx/HRP）用作电化学标记，GOx 催化底液中的葡萄糖转化为 H_2O_2。通过循环伏安法和方波伏安法监测 HRP 对 H_2O_2 电催化还原电流的变化，可以实现 CEA 的电化学检测，线性动态范围和检测极限分别为 10.0pg/mL 至 50.0ng/mL 和 4.4pg/mL。此免疫传感器可以成功应用于生物样本的检测，因此可以成为临床癌症诊断的宝贵工具。

基于酶催化底物水解实现信号放大的原理见图 6.6。

6.2.2.2　酶催化产物沉积法

酶催化产物沉积法是指酶催化底物形成不溶于水的产物附着于电极表面，从而引起传感界面产生的响应信号的改变，通过伏安法和阻抗法等技术检测响应信号，可实现目标物的定量分析。碳纳米管或其复合材料具有大的比表面积和优异的电催化性能，可以通过促进适配体-探针固定和改善换能器的电化学性能而发挥信号放大作用。

Li 等[58]用适配体和辣根过氧化物酶（HRP）标记的碳纳米管（CNTs）作探针来放大适配体-蛋白质（以凝血酶为模型）相互作用的阻抗感应［图

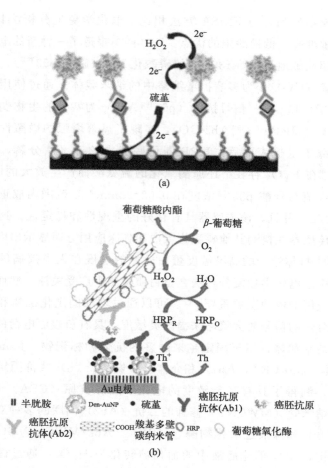

葡萄糖酸内酯

β-葡萄糖

半胱胺 | Den-AuNP | 硫堇 | 癌胚抗原抗体(Ab1) | 癌胚抗原

癌胚抗原抗体(Ab2) | COOH 羧基多壁碳纳米管 | HRP | 葡萄糖氧化酶

(b)

图 6.6　基于酶催化底物水解实现信号放大的原理图

(a) 电化学传感器用于测定磷酸化 p53[54]；(b) 电化学传感器用于测定癌胚抗原（CEA）[57]

6.7(a)]。在 H_2O_2 存在下，HRP 生物催化的 3,3-二氨基联苯胺（DAB）氧化电极载体上产生的不溶性沉淀物电聚合后被用作传感过程的信号放大途径。凝血酶由固定在玻碳电极上的适配体 1 感测。CNTs-适配体 2-HRP 探针通过凝血酶-适配体 2 相互作用与适配体 1-凝血酶复合物相连。电极上 DAB 的沉积极大地增加了电极与溶液界面的电子转移电阻。循环伏安法和电化学阻抗法被用来表征传感器的逐步成功制造和用于凝血酶的检测。此适配体传感器的检测限可低至 0.05pmol/L，并且具有较高的灵敏度、选择性和重现性。

碱性磷酸酶（ALP）是生物测定中常用的痕量酶。检测信号通常来自 ALP 底物的酶水解产生的产物的氧化还原过程。ALP 底物的水解产物，如对氨基苯磷酸酯、3-吲哚基磷酸酯（3-IP）和抗坏血酸 2-磷酸酯是已知的通用还原剂，它们可以还原 Ag^+ 以产生 Ag[59-61]。Lai 等[62]通过将 ALP 标记的抗体功能化的金纳米粒子（ALP-Ab/Au NPs）和酶-Au NPs 催化的纳米银沉积在一次性免疫传感器阵列上，开发了一种新型的超灵敏多重免疫测定方法［图6.7(b)］。经夹心型免疫反应将 ALP-Ab/Au NPs 捕获在电极表面，催化 3-吲哚磷酸酯的水解，从而产生了一种吲哚中间体以还原 Ag^+。ALP 和 Au NPs 都催化了银的沉积过程，从而放大检测信号。使用人和小鼠 IgG 作为模型分析物，测定结果显示出超过 4 个数量级的宽线性范围，检出限分别为 4.8pg/mL 和 6.1pg/mL，可以用于实际样品测定。此外，这种设计策略避免了串扰和电化学免疫测定中脱氧的需要，因此在临床应用中极具潜力。

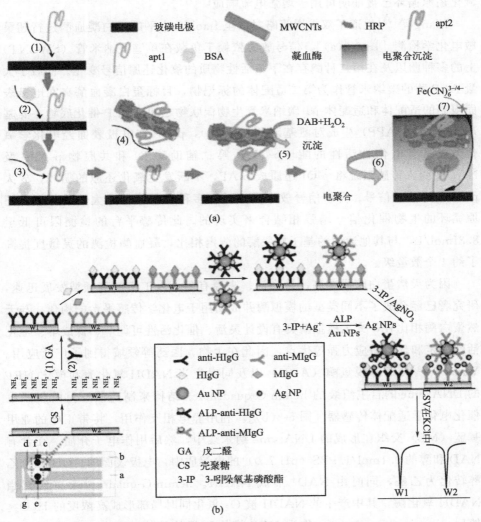

图 6.7　基于酶催化产物沉积法实现信号放大的原理图（彩图见文前）
(a) 电化学传感器用于测定凝血酶[58]；(b) 电化学传感器用于测定 IgG[62]

6.2.2.3 酶催化底物循环法

酶催化底物循环法是指在酶的催化辅助作用下检测底液中的多种物质，让产生电化学信号的物质不断发生氧化还原循环，从而明显放大响应信号[63-65]。通过双扩增策略，将氧化还原回收的信号增强能力和多酶标签的大量扩增功能与适配体探针配体的明显优势相结合可用于蛋白质的超灵敏电子检测。纳米材料可用作蛋白质检测中信号放大的标签[61,66-68]。已经证明了碳纳米管作为标签载体在扩增检测超低水平的 DNA 和蛋白质方面的实用性[69]。在碳纳米管上加载的大量标签使分析信号得以显著放大。此外，双酶系统中电活性物质的氧化还原循环已被证明可用于增强电流响应[70-71]。

Xiang 等[72]报道了双扩增策略对低至 fmol/L 水平的蛋白凝血酶进行超灵敏电化学检测［图 6-8(a)］。信号放大依赖于负载在单壁碳纳米管（SWCNT）上的多种酶以及在第二种酶存在下电活性物质的氧化还原信号变化。固载了大量 ALP 酶的碳纳米管作为第二适配体的标记物，目标蛋白凝血酶夹在电极表面限制的适配体和适配体-酶-碳纳米管生物偶联物之间。ALP 催化底物 4-氨基苯磷酸钠（p-APP）生成对氨基苯酚（p-AP），p-AP 在电极表面经电化学氧化生成具有电化学活性的醌（p-QI），第二辅助酶 DI 和共底物 p-APP 及 NADH 引入传感系统将 p-QI 还原成 p-AP，不断发生氧化还原的循环，放大 p-QI 的电化学信号。分析信号放大是通过将多种酶的信号放大性质与氧化还原循环的生物催化信号增强相结合来实现的。此传感平台的检测限可低至 8.3fmol/L，与其他通用的基于单一酶的测定相比，凝血酶检测的灵敏度提高了约 4 个数量级。

因为天然蛋白酶成本高、易失活、来源有限，人工模拟酶领域发展迅速，研究者已经合成了不同类型的模拟酶并成功用于电化学传感平台的构建。与天然蛋白酶相比较，人工模拟酶具有设计灵活、催化活性可调节、低成本、催化活性稳定和环境适应力强等优点，因此在生物、医药等领域得到了广泛应用。Yuan 等[73]使用醇脱氢酶（ADH）以及同时充当 NADH 氧化酶和模仿 HRP 的 DNAzyme 的自主组装的 hemin-G-quadruplex 结构来制造假三重酶级联电催化电化学适配体传感器［图 6-8(b)］。利用静电相互作用，将带正电的亚甲基蓝（MB）交织在形成的 DNAzyme 纳米线中，然后用作电子介质。在含有 NAD 和醇的 0.1mol/L PBS（pH 7.0）的电解质中，电极表面的 ADH 催化乙醇转化为乙醛，同时由 NAD^+ 形成 NADH。hemin-G-quadruplex 首先充当 NADH 氧化酶，其中产生的 NADH 被 O_2 氧化同时局部形成高浓度的 H_2O_2。然后，hemin-G-quadruplex 作为 HRP 模拟脱氧核酶快速生物电催化产生的 H_2O_2 的还原，不断发生氧化还原反应循环，放大了电化学信号。该种信号放

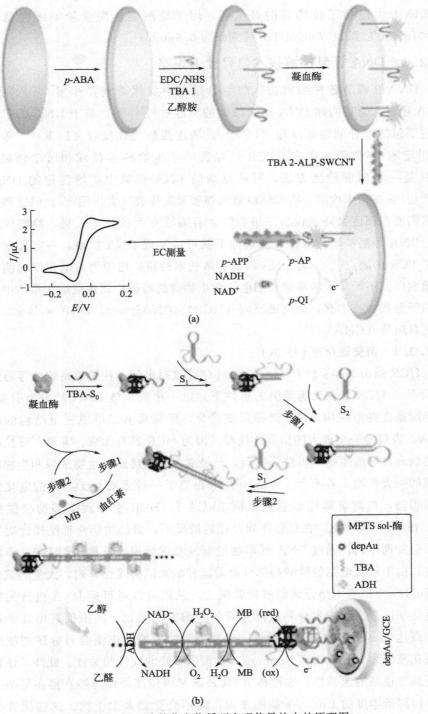

图 6-8　基于酶催化底物循环实现信号放大的原理图

（a）电化学传感器基于天然蛋白酶[72]；（b）电化学传感器基于人工模拟酶[73]

大策略大大提高了传感器的灵敏度，用于检测凝血酶含量的线性范围从 0.001nmol/L 到 30.0nmol/L，检测限为 0.6pmol/L。

6.2.3 DNA 等温扩增技术信号放大策略

DNA 在调节各种细胞功能的生命过程中发挥着重要作用[74-75]。此外，DNA 还被认为是构建 DNA 纳米结构的功能材料[74-79]。基于 DNA 的扩增技术主要包括聚合酶链式反应（PCR）[80]和连接酶链式反应（LCR）[81]等。自 20 世纪 80 年代引入以来，PCR 已经影响了生物科学领域和医学领域[82]。PCR 是一种酶促检测方法，可从复杂的 DNA 资源中扩增特定的 DNA 片段[83]。它在临床检测分析和环境监测等领域发挥着巨大作用[84]。但这种扩增技术需要在温度循环的设备下进行，并且需要专业的技术人员，检测成本较高。DNA 等温扩增技术在恒温条件下就可以实现 DNA 扩增，一定程度上克服了 PCR 的缺点[85]。将 DNA 等温扩增技术的高扩增能力与电化学检测的高灵敏度以及不同放大策略联用的电化学生物传感器被广泛地应用于检测中。常见的等温放大技术有：杂交链反应（HCR）、DNAzymes、DNA walker、催化发夹自组装（CHA）等。

6.2.3.1 杂交链反应（HCR）

HCR 是由 Driks 和 Pierce 在 2004 年首次提出的一种简单高效的等温放大过程[86]。HCR 是在无酶等温的条件下，以一小段单链 DNA 片段为引发剂，诱导两条发夹型结构 DNA 交替杂交聚合，形成具有二维或三维结构的双链 DNA，表现为一个放大的信号转换器。因为 HCR 具有无酶、等温、可控的合成路线和良好的生物相容性等优点，已经成为生物传感、生物成像和生物医学领域的强大扩增工具[87-88]。Yang 等[89]报道了一种无酶且无共轭的电化学基因传感器，检测乳腺癌敏感性基因 BRCA-1。HCR 引导两个辅助核酸探针（H1 和 H2）自催化，在目标序列存在的情况下，借助功能性辅助探针对和通用的引发剂序列，通过 DNA 低聚物的自发和连续聚合形成线型 DNA 串联体结构。由于带负电荷的磷酸盐部分沿着这种纳米结构线性排列，大量的氧化还原 RuHex 可以静电结合到磷酸盐骨架上，从而可以对目标 DNA 进行无标记的电化学读数。与纳米材料或酶介导的扩增方法相比，灵敏度高出几个数量级，高达 1amol/L 的超高灵敏度。传感器的响应峰值电流与目标序列浓度对数值在范围为 1amol/L 至 10pmol/L 呈现出良好的线性相关性。此外，该传感器还具有很高的选择性。这种基于 HCR 的基因传感器还能够直接在复杂的基质中探测低丰度的 BRCA-1 基因序列，而不会受到太大干扰。这些优势有利于 HCR 的电化学基因传感器向遗传分析和临床诊断方向发展（图 6.9）。

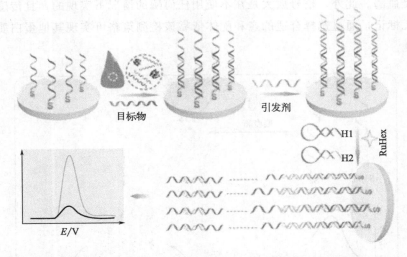

图 6.9 杂交链式反应（HCR）介导的 BRCA-1 基因超灵敏基因传感器示意图[89]

6.2.3.2 DNAzymes

DNAzymes 是一类具有催化功能的 DNA 分子，它与蛋白质和 RNA 催化酶一样，可以催化多种类型的反应，在不对称催化、生物传感器、DNA 纳米技术以及临床诊断方面具有应用前景。DNAzymes 易合成，还能够介导各种化学反应，包括 DNA 和 RNA 的裂解、连接和磷酸化[90]。DNAzymes 由一条底物链和一条酶链共同构成，底物链的一个单一的 RNA 连接点（rA）作为剪切位点，酶链由两个臂和一个催化核心组成。在金属离子和蛋白质等特定分子存在时，酶链会将底物链切割成两部分，因此，DNAzymes 可以用于设计检测特定分子的生物传感器[91-92]。凝血酶在神经退行性疾病和心血管疾病的诊断中起着重要作用。Yang 等人[93]通过整合邻近结合诱导的链置换和金属离子依赖性 DNAzyme 循环扩增，制备了电化学生物传感器用于检测人血清中的凝血酶（图 6.10）。两个不同的适配体与凝血酶靶标的结合（S3）增加了适配体的局部浓度，并通过邻近结合诱导的链置换促进了酶促序列的释放。释放的酶促序列进一步与传感器电极上含有 G-四链体和发夹结构的底物序列杂交，形成依赖金属离子的 DNA 酶。随后 DNA 酶被相应的金属离子催化切割，导致酶序列的循环和发夹的环状切割，释放出许多游离的 G-四链体形成序列。血红素可以进一步结合这些序列，在传感器电极上形成 G-四链体/血红素复合物。由于释放的 S3 可以循环重复使用，因此可以实现显著放大的电流信号用于凝血酶的高灵敏检测，其检测限可低至 5.6pmol/L。该方法具有很高的选择性，可以将凝血酶与其他非特异性类似蛋白区分开来，因此可用于检测人血清中的凝血酶。此外，信号放大是在不使用任何酶的情况下实现的，且传感策略完全无标记，通过选择合适的亲和配体依靠该检测策略可实现其他蛋白质靶标的检测。

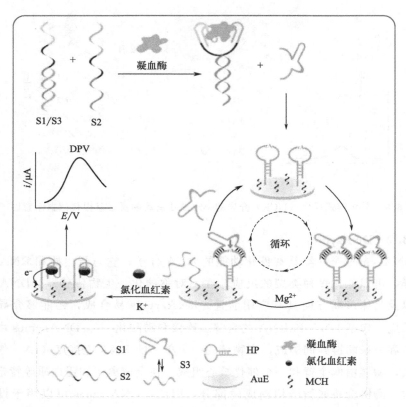

图 6.10　基于邻近结合和金属离子依赖性 DNA 酶的回收扩增在凝血酶电化学测定中的示意图[93]（彩图见文前）

6.2.3.3　DNA walker

DNAwalker 是一种以 DNA 分子为构筑元件的纳米机器，具有序列可编程性和精准的特定分子识别能力。它通过目标物触发的 walking 行为扩大检测信号，从而达到目标分子的高灵敏检测[94]。简单来说，就是以低浓度的目标序列为驱动力，像步行一样一步一步地以不同的方式将所设计的 DNA 探针暴露出标记的信号分子。由于 DNA walker 可以灵活设计且结构简单，因此在检测核酸、蛋白质和细胞方面受到广泛应用。Yan 等人[95]设计了一种基于 DNA walker 诱导构象开关的串联信号放大策略，固定 Pd/PCN-224 电催化剂，用于 DNA 的超灵敏电化学检测（图 6.11）。DNA walker 基底是通过在铟锡氧化物（ITO）电极上结合链霉亲和素（SA）适配体序列作为轨道和 swing arm

作为发夹结构共价组装构建的。添加目标 DNA 后，通过链置换反应与阻断蛋白杂交，从阻断剂中释放 swing arm，轨道 DNA 构象从发夹结构转变为 ITO 电极上的适配体。活化的发夹 DNA 可以通过 SA 与其适配体之间的生物识别亲和力与 Pd/PPCN-224-SA 探针特异性结合。因此，Pd/PCN-224-SA 标签对 $NaBH_4$ 氧化的电催化作用被用于放大 DNA 的电化学信号。串联信号放大系统在 100fmol/L 至 100nmol/L 表现出良好的检测范围，检测限为 6.3fmol/L，并且它可以对单碱基错配寡核苷酸进行良好区分。

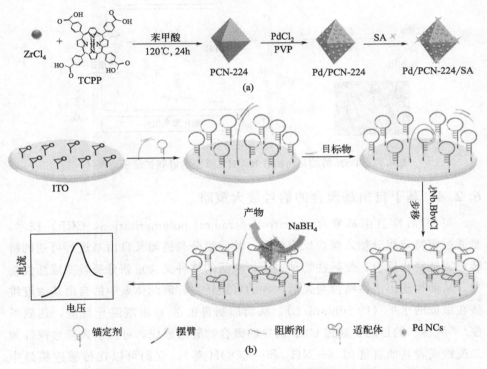

图 6.11 基于 DNA-walker 诱导构象开关的串联信号放大策略示意图[95]

6.2.3.4 催化发夹自组装（CHA）

CHA 是等温、无酶且高效的扩增方法，由一个单链寡核苷酸和两个部分互补的 DNA 发夹（H1、H2）构成。底物发夹由单链分析物引发依次打开并产生热力学稳定的双链，在等温条件下可以实现指数放大[96]。CHA 放大策略可以实现对 miRNA 生物标志物的高灵敏度检测。Yu 等人[97]通过将双链体特异性核酸酶（DSN）辅助靶向回收与 CHA 反应相结合，制备了一个信号放大平台，用于检测 microRNA-141（miR-141）（图 6.12）。DSN 驱动的靶标回收过程使 miRNA 扩增，产生单链连接器 DNA 片段。这些连接器 DNA 片段随后诱导 CHA 反应，电极表面形成大量金纳米粒子来吸附正电荷的 $[Ru(NH_3)_6]^{3+}$，产生放大的电化学信号。该电化学生物传感器具有低至 25.1amol/L 的检测限，还具有高选择性，可以区分单个碱基不匹配的序列和其他 miRNA。该测定法可以在真实样品中对特定 miRNA 进行测定，可以从人乳腺癌细胞提取的总 RNA 中测试 miR-141。因此，该级联扩增平台在与 miRNA 相关的临床诊断和生化研究中具有巨大的潜在应用。

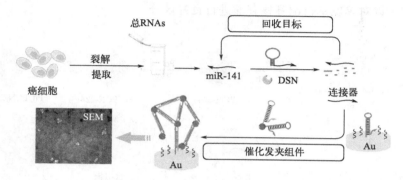

图 6.12　DSN 辅助靶向回收和 CHA 反应的级联扩增示意图[97]

6.2.4　基于自由基聚合的信号放大策略

可控/活性自由基聚合（controlled radical polymerization，CRP）技术，是通过将特定组分加入聚合反应体系，特定组分与链增长自由基进行可逆的链转移或链终止反应，使活性物种失活，失活的物种又会重新分裂转变成活性物种，从而构建出活性物种与失活物种的可逆转变，因此体系中的自由基浓度维持在很低的水平（约 10nmol/L），从而抑制自由基-自由基终止反应，达到可控/"活性"的目的。通过 CRP 诱导的聚合物链的形成，可以引入信号探针如二茂铁或者其他官能团（—NH_2 和—COOH 等），它们可以在传感连接处中募集，即使在目标分子含量较低的情况下也能输出高信号，从而大大提高检测灵敏度。与纳米材料增强的信号放大策略和酶辅助的信号放大策略相比，CRP 的信号放大策略成本低、效率高、易操作。凭借这些优点，基于 CRP 的信号放大策略在临床检测和生物医学研究中显示出巨大的前景。CRP 技术在电化学介导的信号放大策略中有两种形式：原子转移自由基聚合（ATRP）和可逆加成-裂解链转移（RAFT）聚合。

6.2.4.1　原子转移自由基聚合

原子转移自由基聚合（atom transfer radical polymerization，ATRP）是高分子科学发展最快的领域之一[98]。它允许控制分子量、制备具有窄分子量分布的聚合物、结合精确放置的官能团、制造各种结构以及合成定义明确的杂化复合材料[99]。在 ATRP 过程中，低氧化态过渡金属复合物（CuIX）将休眠物种活化，并通过电子转移过程产生活性物种，与此同时，低氧化态过渡金属复合物（CuIX）会转变成高氧化态过渡金属复合物（CuIIX）。活性物种与高氧化态过渡金属复合物（CuIIX）反应又会生成休眠物种。如此可逆的转变有利于休眠物种的形成，因此可以控制聚合过程[100-102]。

　　基于 ATRP 的信号放大策略，在蛋白质和核酸等生物分子的高灵敏检测中已经获得了一定的应用[103-104]。如图 6.13(a) 所示，Hu 等人[105] 报道了一种高灵敏度的电化学生物传感器，用于检测 dsDNA，该方法基于肽核酸（PNA）对 dsDNA 的链置换和通过表面引发的电化学介导的原子转移自由基聚合（SI-eATRP）原位生长电活性聚合物，聚合物的生长使许多电活性探针的修饰成为可能，检出限可低至 0.47fmol/L。Hu 等人[106] 利用基于 eATRP 的 SI-GOP 作为信号扩大策略，通过该策略可以在 30min 内引入大量的电活性标签，从而可以在低至 0.016mU/mL 的水平下灵敏地测定胰蛋白酶活性（约 2.68pmol/L/mL 或约 0.064ng/mL）［图 6.13(b)］。Hu 等[107] 人利用靶向辅助电化学介导的原子转移自由基聚合（teATRP）策略进行信号放大，构建了用于选择性捕获内毒素［图 6.13(c)］的适配体传感器。通过二醇位点与苯硼酸（PBA）基团之间的共价偶联，用 ATRP 引发剂修饰聚糖链，然后在室温下通过恒电势 eATRP 接枝聚合物链募集二茂铁信号报告基因构建了传感平台。由于内毒素的聚糖链可以用数百个 ATRP 引发剂修饰，而通过 eATRP 进一步接枝聚合物链可以将数百到数千个信号报告基因募集到每个引发剂修饰的位点，因此基于 TEATRP 的策略允许检测信号的双重放大。这种双扩增的电化学适配传感器能够灵敏地选择性地检测浓度低至 1.2fg/mL 的内毒素，其实际适用性已使用人血清样品得到进一步证明。

6.2.4.2　可逆加成-裂解链转移聚合

　　可逆加成断裂链转移聚合（reversible addition-fragmentation chain transfer polymerization，RAFT）是一种可逆的去活化自由基聚合（RDRP），是给自由基聚合赋予活性的通用方法之一。这种方法不需要使用过渡金属络合物作为活化剂和钝化剂，不会存在过渡金属残留问题，且能够控制大多数可通过自由基聚合反应而聚合的单体的聚合，例如（甲基）丙烯酸酯、（甲基）丙烯酰胺、丙烯腈、苯乙烯、二烯和乙烯基单体。同时该方法还具有操作简单、价格低廉、生物相容性好、反应条件灵活的优点。在 RAFT 过程中，RAFT 试剂与增长链自由基 a 反应产生中间态自由基，中间态自由基又可分裂回原物或者休眠物种与新的自由基 x。新的自由基 x 与单体重复反应又会产生新的增长链自由基 b。新的增长链自由基 b 与休眠物种反应产生新的中间态自由基 y，新的

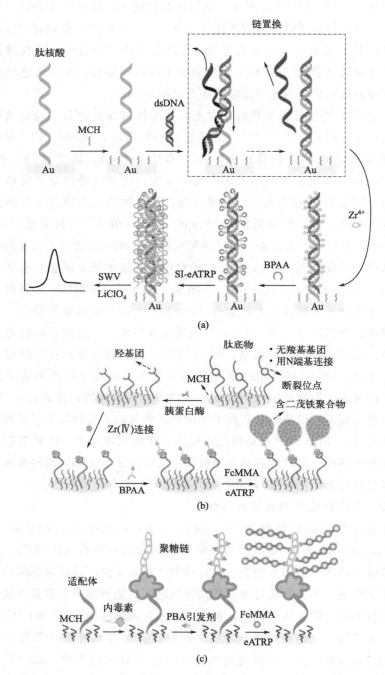

图 6.13 (a) 基于 eATRP 的放大策略用于 DNA 电化学检测[105]；(b) 胰蛋白酶活性
的电化学测定示意图[106]；(c) 基于 ATRP 的内毒素电化学适配感应原理[107]

中间态自由基 y 又会分裂回新的增长链自由基 b 与休眠物种或者休眠物种与增长链自由基 a。

  Hu 等[108]利用表面引发的可逆加成-片段化-链转移（SI-RAFT）聚合作为一种新的信号放大策略，通过 SI-RAFT 聚合，一个靶 DNA 片段可以被大量的电活性二茂铁（Fc）标签标记，从而产生电化学信号的显著放大，在最佳条件下，电化学信号与靶 DNA 浓度的对数线性相关，范围为 10amol/L 至 10pmol/L（$R^2 = 0.997$），检测限低至 3.2amol/L，远低于其他基于聚合扩增的方法［图 6.14(a)］。Hu 等[109]利用凝血酶特异性底物肽（Tb 肽）作为识别元件和 RAFT 聚合进行信号放大用于高灵敏度和选择性地检测凝血酶活性［图 6.14(b)］。在最佳条件下，检测限可低至 2.7μU/mL（约 0.062pmol/L），线性响应范围为 10～250μU/mL（$R^2 = 0.997$）。Su 等[110]将协同生物介导的可逆加成-碎裂链转移聚合（tsBMRP）作为一种新的信号扩大策略，使用凝血酶适配体（TBA）作为识别受体，通过硼酸盐亲和力将 RAFT 药物特异性修饰到凝血酶的聚糖链上，并通过甲基丙烯酸亚铁甲酯（FcMMA）的 BMRP 进一步募集 Fc 信号标记。由于硼酸盐亲和力导致每个聚糖链上都含有数十种 RAFT 试剂，而 BMRP 将数百个信号标记募集到每个 RAFT 试剂修饰的位点，因此检测浓度可低至 35.3fmol/L 的凝血酶。

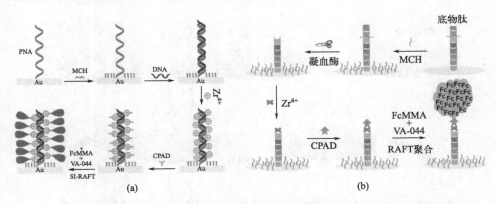

图 6.14 （a）基于 SI-RAFT 聚合的电化学 DNA 生物传感器的制备示意图[108]；
（b）基于 RAFT 聚合信号放大的电化学传感器用于检测凝血酶[109]

6.2.5 目标物循环信号放大策略

  目标物循环信号放大策略一般指目标物通过酶的剪切作用或酶的聚合作用及无酶目标物循环放大三种方法被分子识别元件捕获并释放出来，循环捕获释放过程，单个目标分子就会被多次循环利用从而达到信号放大的效果。根据作用效果可将目标物循环的方法分为：酶剪切型、酶聚合型和无酶目标物循环放大三类。

6.2.5.1 酶剪切型

目标物循环信号放大策略的剪切酶可以分为限制性内切酶和核酸外切酶两类。

（1）限制性内切酶

限制性内切酶可识别特异的脱氧核苷酸序列并在识别位点或其附近序列的双链 DNA 的中间磷酸二酯键部分进行切割，剪切双链中的其中一条链或两条 DNA 链。限制性核酸内切酶只能切割特定位点，因为它们可以识别双链 DNA（dsDNA）中的特定序列。这使得 DNA 检测更加精确和特异性[111-112]。Yuan 等[113]以 p53 和口腔癌症基因为模型，hemin/G-quadruplex 同时作为还原烟酰胺腺嘌呤二核苷酸（NADH）氧化酶和辣根过氧化物酶（HRP）模拟 DNA 酶，用以放大电化学活性物质的响应信号，基于 Pd-Au 合金纳米晶体良好的电催化活性设计了多功能 DNA 生物传感器（图 6.15）。首先在电极表面修饰 Pd-Au 合金，再次修饰一层 Pd-Au 合金用于固载探针 DNA，之后加入辅助 DNA1，它与探针 DNA 互补杂交，在目标 DNA1 存在时，目标 DNA1 与辅助 DNA1 完全互补杂交释放到溶液中，被核酸内切酶识别剪切，释放出的目标物循环多轮，放大了电化学信号。这种多功能 DNA 生物传感器对 p53 和口腔癌

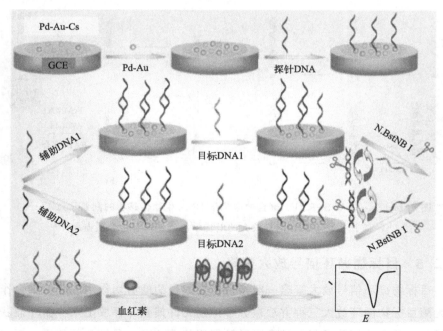

图 6.15　基于限制性内切酶实现目标物循环用于检测 p53 基因和
口腔癌症基因的信号放大原理图[113]

症基因的检测线性范围分别为 0.1fmol/L 至 0.1nmol/L 和 0.1nmol/L 至 1nmol/L。p53 基因和口腔癌症基因的检测极限分别为 0.03fmol/L 和 0.06fmol/L。只需更改辅助 DNA，这种多功能的 DNA 生物传感器就可以检测不同的目标 DNA 种类，这可以为潜在的癌症诊断开辟一条新途径。

（2）核酸外切酶

核酸外切酶是一种在其末端切割核酸链的水解酶，水解产物为单链 DNA 或双链 DNA。由于该类酶不要求特殊的目标碱基序列，因此在基于酶辅助目标物循环检测方案的构建上具有较强的灵活性，常用的有核酸外切酶Ⅲ（Exo Ⅲ）、外切酶Ⅰ（Exo Ⅰ）和 λ 外切酶（Exo λ）等。Wu 等[114]利用核酸外切酶Ⅲ（Exo Ⅲ）辅助的靶标回收策略来进行特异性 DNA 检测，实现信号放大（图 6.16）。在靶 DNA 存在的情况下，电极自组装的信号探针与靶 DNA 杂交，在信号探针处形成 3′-钝端和在靶 DNA 处形成 3′-悬垂端的双链体。通过这种方式，Exo Ⅲ 特异性地识别这种结构并选择性地消化信号探针。结果，靶 DNA 从双链体中解离并回收与新的信号探针杂交，导致大量信号探针逐渐被消化。氧化还原介质 $Ru(NH_3)_6^{3+}$（RuHex）被静电吸附在信号探针上，提供序列特异性 DNA 的定量测量，实验测量的检测极限可低至 20fmol/L。此外，

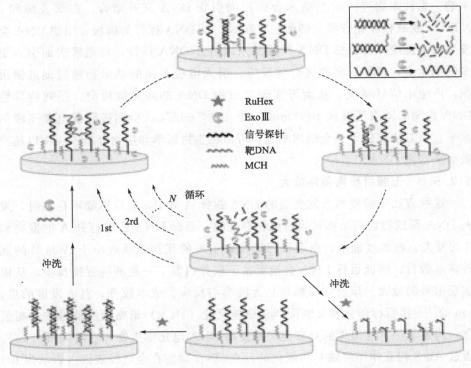

图 6.16　通过 Exo Ⅲ 辅助目标物循环的免标记电化学 DNA 传感器原理示意图[114]

这种传感器具有相当好的稳定性和选择性。

6.2.5.2 酶聚合型

重组酶聚合酶扩增（RPA）技术是重组酶蛋白与引物 a 产生复合物，它在双链 DNA 中寻找同源序列 b。然后通过重组酶的链置换活性将引物插入同源位点，并且单链结合蛋白稳定置换 DNA 链[115]。Wang 等[116]开发了一种 RPA 结合 DNA 切割核酸酶（CRISPR-Cas12a）的新方法来检测可引起类似流感症状的三种病毒病原体，包括 SARS-CoV-2、甲型流感和乙型流感 [图 6.17(a)]。该检测方法可在 1h 内完成，比其他标准检测方法更快，检出限为 10^2 copies/μL。此外，该检测系统具有高选择性，与其他常见呼吸道病原体不存在交叉反应。基于此研究基础，他们进一步开发了一种更简化的 RPA/CRISPR-Cas12a 系统，结合手动微流控芯片的侧流检测，可实现同时检测三种病毒。这种低成本的检测系统快速、灵敏，可即时监测，无须笨重且昂贵的仪器，为现场诊断提供了强大的工具。Gao 等[117]提出了将聚合酶诱导的圆链置换聚合（CSRP）与 AuNPs 催化的银沉积相结合，在传感器表面进行 DNA 杂交检测 [图 6.17(b)]。将发夹型 DNA 探针固载于电极表面，目标 DNA 存在时，其会与 DNA 探针发生互补，打开 DNA 探针的发夹结构并暴露其黏性末端，黏性末端进一步与纳米金标记的引物 DNA 互补结合。在聚合酶和 dNTPs（脱氧核糖核苷酸三磷酸）存在时，以 DNA 探针为模板，引物 DNA 会发生聚合反应，将目标 DNA 释放出来以打开 DNA 探针，在电极表面引入更多的纳米金，诱导更多的聚合酶反应。引入电极表面的纳米金通过促进银沉积，产生电信号响应，从而可实现对目标 DNA 的高灵敏检测。序列特异性 DNA 检测的动态范围从 10^{-6} mol/L 至 10^{-12} mol/L，检测极限低至亚飞摩尔水平。该方法提供了一个通用平台，可以在生物医学和生物分析应用中以超灵敏水平检测 DNA。

6.2.5.3 无酶目标物循环放大

这种方法中需要两条发夹型的 DNA 探针 A 和 B，当目标物不存在时，发夹 DNA 形成稳定的结构；当目标物存在时，目标 DNA 依次打开 A 的发夹和 B 的发夹，在此过程中，由于目标 DNA 与 A 的互补碱基数小于 A 与 B 的互补碱基数目，因此目标 DNA 会被置换下来并引发下一轮的链置换反应，从而实现信号的放大。该反应易操作且无酶参与反应、成本较低，具有发展前景。Liu 等[118]将目标催化发夹装配和杂交链反应（HCR）策略两步信号放大相组合，构建了一种等温无酶具有高灵敏度的 DNA 电化学生物传感器（图 6.18）。通过 Au-S 相互作用将巯基功能化的发夹 DNA 固定在金电极表面（表示为 IP）上。当目标 DNA 出现时，通过链置换反应与 IP 的发夹结构杂交并打开，这

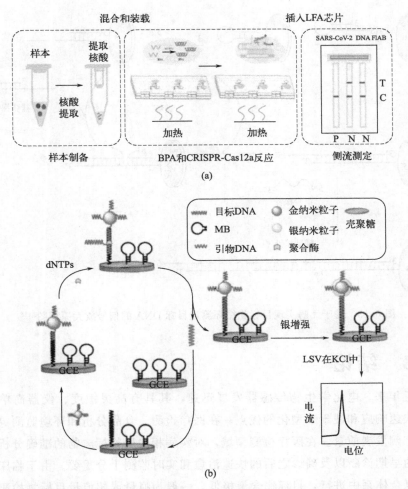

图 6.17　(a) 基于酶聚合型实现目标物循环检测三种病毒病原体信号放大原理图[116]；

(b) 基于酶聚合型实现目标物循环检测目标 DNA 的信号放大原理图[117]

进一步将 IP 的互补序列暴露于另一个发夹 DNA（表示为 CP），并通过分支迁移过程导致 IP 与 CP 结合。由于 IP-CP 比目标-IP 混合更稳定，因此当 CP 与 IP 混合时，CP 将替换并释放目标。释放的目标 DNA 可以参与下一个 IP 杂交过程，从而实现信号放大。该实验是在无酶无复杂的设备条件下进行的，双信号放大策略相对简单且便宜。它可以实现低至 0.1fmol/L 的目标 DNA 的检测，具有高选择性，可区分错配 DNA。此外，这种两步信号放大策略适合通过改变信号标签与其他分析技术相结合，在基因相关疾病的早期诊断中具有巨大的潜力。同时，这项研究还为开发无酶和超灵敏的电化学生物测定开辟了一种有前途的方法。

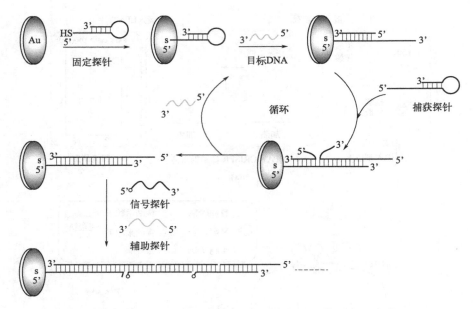

图 6.18　基于无酶实现目标物循环测定目标 DNA 的信号放大原理图[118]

6.3　结论

近年来，电化学生物传感器发展迅速，其具有高灵敏度、仪器简单易操作、快速响应和便于小型化的优点，在医疗检测、食品分析和环境监测等领域具有广阔发展前景。在医疗检测领域，对疾病相关生物标志物的准确分析对于疾病的早期诊断以及确诊之后的快速治愈和实时监测十分重要。由于临床诊断是在复杂体系中进行，目标物含量极低，一般为痕量或超痕量目标物检测，这就要求必须采用有效的信号放大策略与电化学生物传感相结合，来提高分析检测的灵敏度，从而实现复杂样品的特异、灵敏检测。目前，基于纳米材料扩增技术、酶催化扩增技术、目标物循环扩增技术等的信号放大策略已取得了长足的进步，但科学家探索更灵敏、准确分析检测方法的脚步从未停歇。未来的研究工作有可能集中于：①多种生物标志物的同时高灵敏准确检测。因为癌症是一种复杂多变的疾病，所以同时分析多种生物标志物很重要。这就需要构建多种信号放大策略，与电极阵列或与新的传感模式和传感技术相结合，开发多通路的生物传感器用于生物标志物的同时检测，以节约时间和成本。②生物传感器与其他便携式装置或技术联用，如芯片、3D 打印等，将其向超小型化、集成化和多功能化的方向发展，开发可以快速即时检测目标分析物的便携式电化学传感器。

参考文献

[1] Eduard D E, Andreescu S. Bioapplications of electrochemical sensors and biosensors. Method Enzymol, 2017, 589: 301-350.

[2] Otieno B A, Krause C E, Jones A L, et al. Cancer diagnostics via ultrasensitive multiplexed detection of parathyroid hormone-related peptides with a microfluidic immunoarray. Anal Chem, 2016, 88: 9269-9275.

[3] Brian R E, Nice E. Biosensors: book reviews of chemical sensors and biosensors. BioEssays, 2002, 24: 1080-1081.

[4] Hood L, Health J R, Phelps M E, et al. Systems biology and new technologies enable predictive and preventative medicine. Science, 2004, 306: 640-643.

[5] Sanjay S T, Fu G, Dou M, et al. Biomarker detection for disease diagnosis using cost-effective microfluidic platforms. Analyst, 2015, 140: 7062-7081.

[6] Sanjay S T, Li M, Zhou W, et al. A reusable PMMA/paper hybrid plug-and-play microfluidic device for an ultrasensitive immunoassay with a wide dynamic range. Microsyst Nanoeng, 2020, 6: 28.

[7] Pothur R S, Barnett S K, Sudhir S. Trends in biomarker research for cancer detection. Lancet Oncol, 2001, 2: 698-704.

[8] Liu Y J, Liu Y X, Qiao L, et al. Advances in signal amplification strategies for electrochemical biosensing. Curr Opin Electrochem, 2018, 12: 5-12.

[9] Pedersen K O. Ultra centrifugal and electrophoretic studies on fetuin. J Phys Chem, 1947, 51: 1164-1171.

[10] Ludwig J A, Weinstein J N. Biomarkers in cancer staging, prognosis and treatment selection. Nat Rev Cancer, 2005, 5: 845-856.

[11] 唐炳华. 分子生物学 [M]. 北京: 中国中医药出版社, 2017.

[12] Pliszka M, Szablewski L. Glucose transporters as a target for anticancer therapy. Cancers, 2021, 13: 4184.

[13] American Diabetes Association. Cardiovascular disease and risk management: standards of medical care in diabetes-2021. Diabetes Care, 2020, 44: S125-S150.

[14] Resmini E, Minuto F, Colao A, et al. Secondary diabetes associated with principal endocrinopathies: the impact of new treatment modalities. Acta Diabetol, 2009, 46: 85-95.

[15] Mohamad N N, Ridhuan N S, Abdul Razak K. Progress of enzymatic and non-enzymatic electrochemical glucose biosensor based on nanomaterial-modified electrode. Biosensors, 2022, 12: 1136.

[16] Han S H, Ha H Y, Kang E H, et al. Electrochemical detection of uric acid in undiluted human saliva using uricase paper integrated electrodes. Sci Rep, 2022, 12: 12033.

[17] Wang Q, Wen X, Kong J. Recent progress on uric acid detection: a review. Crit Rev Anal Chem, 2019, 50: 359-375.

[18] Schilter D. Translation: the proof is in the protein. Nat Rev Chem, 2017, 1: 0011.

[19] El-Naka M A, El-Dissouky A, Ali G Y, et al. Garlic capped silver nanoparticles for rapid detection of cholesterol. Talanta, 2023, 253: 123908.

［20］ Rusheen A E，Gee T A，Jang D P，et al. Evaluation of electrochemical methods for tonic dopamine detection in vivo. Tr Anal Chem，2020，132：116049.

［21］ Marcin W，Adam M，Anaïs D，et al. Chemical modifications of mRNA ends for therapeutic applications. Acc Chem Res，2023，56：2814-2826.

［22］ Krishnamoorthi S，Aneek B，Priya B，et al. Ribosome-membrane crosstalk：co-translational targeting pathways of proteins across membranes in prokaryotes and eukaryotes. Adv Protein Chem Str Bio，2022，128：163-198.

［23］ Bradly A C，Marina R，Olga W. Use of a multiplex DNA extraction PCR in the identification of pathogens in travelers' diarrhea. J Travel Med，2018，25：87.

［24］ Mohamad M M，Reza M，Shirin S. The current applications of cell-free fetal DNA in prenatal diagnosis of single-gene diseases：a review. IJRM，2022，20：613-626.

［25］ Caldwell M J. Food analysis using organelle DNA and the effects of processing on assays. Annu Rev，2017，8：57-74.

［26］ Zhang W P，Yie S M，Yue B S，et al. Determination of baylisascaris schroederi infection in wild giant pandas by an accurate and sensitive PCR/CE-SSCP method. PLoS ONE，2017，7：41995.

［27］ Shuai H L，Huang K J，Chen Y X，et al. Au nanoparticles/hollow molybdenum disulfide microcubes based biosensor for microrna-21 detection coupled with duplex-specific nuclease and enzyme signal amplification. Biosens Bioelectron，2017，89：989-997.

［28］ Sun Y D，Peng P，Guo R Y，et al. Exonuclease Ⅲ-boosted cascade reactions for ultrasensitive SERS detection of nucleic acids. Biosens Bioelectron，2017，104：32-38.

［29］ Terentiev A A，Moldogazieva N T. Alpha-fetoprotein：a renaissance. Tumor Biol，2013，34：2075-2091.

［30］ Clark B E，Thein S L. Molecular diagnosis of haemoglobin disorders. Clin Lab Haematol，2004，26：159-176.

［31］ Deng B，Lin Y W，Wang C，et al. Aptamer binding assays for proteins：the thrombin example-a review. Anal Chim Acta，2014，837：1-15.

［32］ Brummel-Ziedins K E，Vossen C Y，Butenas S，et al. Thrombin generation profiles in deep venous thrombosis. J Thromb Haemost，2005，3：2497-2505.

［33］ Abedali Z A，Calaway A C，Large T，et al. The role of prostate specific antigen monitoring after holmium laser enucleation of the prostate. J Urology，2020，203：304-310.

［34］ Moradi A，Srinivasan S，Clements J，et al. Beyond the biomarker role：prostate-specific antigen (PSA) in the prostate cancer microenvironment. Cancer Metast Rev，2019，38：333-346.

［35］ Brawer M K，Chetner M P，Beatie J，et al. Screening for prostatic carcinoma with prostate specific antigen. J Urol，1992，147：841-845.

［36］ Egawa S. Detection of prostate cancer by prostate-specific antigen. Biomed Pharmacother，2001，55：130-134.

［37］ Gold P，Freedman S O. Demonstration of tumor-specific antigens in human colonic carcinomata by immunological tolerance and absorption techniques. J Exp Med，1965，121：439.

［38］ Dorigo O，Berek J S. Personalizing CA125 levels for ovarian cancer screening. Cancer Prev Res，2011，4：1356-1359.

[39] Shen Z Y, Wu A G, Chen X Y. Current detection technologies for circulating tumor cells. Chem Soc Rev, 2017, 46: 2038-2056.

[40] Ashworth T R. A case of cancer in witch cells similar to those in the tumors were seen in the blood after death. Med J Australia, 1869, 14: 146-147.

[41] Li F, Yang L M, Chen M Q, et al. A selective amperometric sensing platform for lead based on target-induced strand release. Analyst, 2013, 138: 461-466.

[42] Miodek A, Mejri N, Gomgnimbou M, et al. E-DNA sensor of mycobacterium tuberculosis based on electrochemical assembly of nanomaterials (MWCNTs/PPy/PAMAM). Anal Chem, 2015, 87: 9257-9264.

[43] Bao T, Fu R, Wen W, et al. Target-driven cascade-amplified release of loads from DNA gated metal-organic frameworks for electrochemical detection of cancer biomarker. ACS Appl Mater Interfaces, 2020, 12: 2087-2094.

[44] Liu S, Xing X R, Yu J H, et al. A novel label-free electrochemical aptasensor based on grapheme-polyaniline composite film for dopamine determination. Biosens Bioelectron, 2012, 36: 186-191.

[45] Azimzadeh M, Rahaie M, Nasirizadeh N, et al. An electrochemical nanobiosensor for plasma miRNA-155, based on graphene oxide and gold nanorod, for early detection of breast cancer. Biosens Bioelectron, 2016, 77: 99.

[46] Zhang Y, Sun Q D, Guo G H, et al. Trace Pt atoms as electronic promoters in Pd clusters for direct synthesis of hydrogen peroxide. Chem Eng J, 2023, 451: 1385-8947.

[47] Wu D, Ma H, Zhang Y. Corallite-like magnetic Fe_3O_4@MnO_2@Pt nanocomposites as multiple signal amplifiers for the detection of carcinoembryonic antigen. ACS Appl Mater Interfaces, 2015, 7: 18786-18793.

[48] Ding C F, Wang X Y, Luo X L. Dual-mode electrochemical assay of prostate-specific antigen based on antifouling peptides functionalized with electrochemical probes and internal references. Anal Chem, 2019, 91: 15846-15852.

[49] Hu C G, Zheng J N, Su X Y. Ultrasensitive all-carbon photo-electrochemical bioprobes for zeptomole immunosensing of tumor markers by an inexpensive visible laser light. Anal Chem, 2013, 85: 10612-10619.

[50] Liang H, Xu H B, Zhao Y T, et al. Ultrasensitive electrochemical sensor for prostate specific antigen detection with a phosphorene platform and magnetic covalent organic framework signal amplifier. Biosens Bioelectron, 2019, 144: 111691.

[51] Wang J, Han H Y, Jiang X C, et al. Quantum dot-based near-infrared electrochemiluminescent immunosensor with gold nanoparticle-graphene nanosheet hybrids and silica nanospheres double-assisted signal amplification. Anal Chem, 2012, 84: 4893-4899.

[52] Liu G D, Lin Y Y, Wang J, et al. Disposable electrochemical immunosensor diagnosis device based on nanoparticle probe and immunochromatographic strip. Anal Chem, 2007, 79: 7644-7653.

[53] Zhou Y, Liu J, Dong H, et al. Target-induced silver nanocluster generation for highly sensitive electrochemical aptasensor towards cell-secreted interferon-γ. Biosens Bioelectron, 2022, 203: 114042.

[54] Tichy A, Zaskodova D, Zoelzer F, et al. Gamma-radiation-inducde phosphorylation of p53 on serine 15 is dose-depende MOLT-4 leukaemia cells. Folia Biol, 2009, 55: 41-44.

[55] Du D, Wang L M, Shao Y Y, et al. Functionalized graphene oxide as a nanocarrier in a multienzyme labeling amplification strategy for ultrasensitive electrochemical immunoassay of phosphorylated p53 (S392). Anal Chem, 2011, 83: 746-752.

[56] Noh H B, Rahman M A, Yang J E, et al. Ag(I)-cysteamine complex based electrochemical stripping immunoassay: ultrasensitive human IgG detection. Biosens Bioelectron, 2011, 26: 4429-4435.

[57] Jeong B J, Akter R, Han O H, et al. Increased electrocatalyzed performance through dendrimer encapsulated gold nanoparticles and carbon nanotube-assisted multiple bienzymatic labels: highly sensitive electrochemical immunosensor for protein detection. Anal Chem, 2013, 85: 1784-1791.

[58] Li J, Wang J J, Guo X, et al. Carbon nanotubes labeled with aptamer and horseradish peroxidase as probe for highly sensitive protein biosensing by postelectro-polymerization of insoluble precipitates on electrodes. Anal Chem, 2015, 87: 7610-7617.

[59] Hwang S, Kim E, Kwak J. Electrochemical detection of DNA hybridization using biometallization. Anal Chem, 2005, 77: 579-584.

[60] Pablo F B, David H S, María B G G, et al. Alkaline phosphatase-catalyzed silver deposition for electrochemical detection. Anal Chem, 2007, 79: 5272-5277.

[61] Qu B, Chu X, Shen G L, et al. A novel electrochemical immunosensor based on colabeled silica nanoparticles for determination of total prostate specific antigen in human serum. Talanta, 2008, 76: 785-790.

[62] Lai G S, Yan F, Wu J, et al. Ultrasensitive multiplexed immunoassay with electrochemical stripping analysis of silver nanoparticles catalytically deposited by gold nanoparticles and enzymatic reaction. Anal Chem, 2011, 83: 2726-2732.

[63] Seong J K, Haesik Y, Kyungmin J, et al. An electrochemical immunosensor using p-aminophenol redox cycling by nadh on a self-assembled monolayer and ferrocene-modified Au electrodes. Analyst, 2008, 133: 1599-1604.

[64] Benoît L, Damien M, Francois M, et al. High amplification rates from the association of two enzymes confined within a nanometric layer immobilized on an electrode: modeling and illustrating example. J Am Chem Soc, 2006, 128: 6014-6015.

[65] Yang F F, Zhang, X. L, Li, S, et al. Immobilization-free and label-free electrochemical DNA biosensing based on target-stimulated release of redox reporter and its catalytic redox recycling. Bioelectrochemistry, 2024, 158: 1567-1576.

[66] Nathaniel L R, Chad A. Nanostructures in biodiagnostics. Chem Rev, 2005, 105: 1547-1562.

[67] Song W, Li H, Liang H, et al. Disposable electrochemical aptasensor array by using in situ DNA hybridization inducing silver nanoparticles aggregate for signal amplification. Anal Chem, 2014, 86: 2775-2783.

[68] Wang J. Nanomaterial-based electrochemical biosensor. Analyst, 2005, 130: 421-426.

[69] Bi S, Zhou H, Zhang S S. Multilayers enzyme-coated carbon nanotubes as biolabel for ultrasensitive chemiluminescence immunoassay of cancer biomarker. Biosens Bioelectron, 2009, 24: 2961-

2966.

[70] Benoît L, Damien M, François M, et al. Electrochemistry of immobilized redox enzymes: kinetic characteristics of NADH oxidation catalysis at diaphorase monolayers affinity immobilized on electrodes. J Am Chem Soc, 2006, 128: 2084-2092.

[71] Benoît L, Damien M, François M, et al. Theory and practice of enzyme bioaffinity electrodes: chemical, enzymatic, and electrochemical amplification of in situ product detection. J Am Chem Soc, 2008, 130: 7276-7285.

[72] Xiang Y, Zhang Y Y, Qian X Q, et al. Ultrasensitive aptamer-based protein detection via a dual amplified biocatalytic strategy. Biosens Bioelectron, 2010, 25: 2539-2542.

[73] Yuan Y L, Chai Y Q, Yuan R, et al. An ultrasensitive electrochemical aptasensor with autonomous assembly of hemin-G-quadruplex DNAzyme nanowires for pseudo triple-enzyme cascade electrocatalytic amplification. Chem Commun, 2013, 49: 7328-7330.

[74] Belmont P, Constant J F, Demeunynck M. Nucleic acid conformation diversity: from structure to function and regulation. Chem Soc Rev, 2001, 30: 70-81.

[75] Schilter D. Translation: the proof is in the protein. Nat Rev Chem, 2017, 1: 0011.

[76] Pinheiro A V, Han D, Shih W M, et al. Challenges and opportunities for structural DNA nanotechnology. Nat Nanotechnol, 2011, 6: 763-772.

[77] Zhang F, Nangreave J, Liu Y, et al. Structural DNA nanotechnology: state of the art and future perspective. J Am Chem Soc, 2014, 136: 11198-11211.

[78] Tørring T, Voigt N V, Nangreave J, et al. DNA origami: a quantum leap for self-assembly of complex structures. Chem Soc Rev, 2011, 40: 5636-5646.

[79] Jabbari H, Aminpour H, Montemagno C. Computational approaches to nucleic acid origami. ACS Comb Sci, 2015, 17: 535-547.

[80] Saiki R K, Gelfand D H, Stoffel S, et al. Primer-directed enzymatic amplification of DNA with a thermostable DNA polymerase. Science, 1988, 239: 487-491.

[81] Barany F. Genetic disease detection and DNA amplification using cloned thermostable ligase. PNAS, 1991, 88: 189-193.

[82] Zhu H, Zhang H, Xu Y, et al. PCR past, present and future. BioTechniques, 2020, 69: 317-325.

[83] Garibyan L, Avashia N. Polymerase chain reaction. J Invest Dermatol, 2013, 133: 1-4.

[84] Wright W F, Simner P J, Carroll K C, et al. Progress report: next-generation sequencing (NGS), multiplex polymerase chain reaction (PCR), and broad-range molecular assays as diagnostic tools for fever of unknown origin (FUO) investigations in adults. Clin Infect Dis, 2021, 74: 924-932.

[85] Preston C M, Harris A, Ryan J P, et al. Underwater application of quantitative PCR on an ocean mooring. PLoS ONE, 2011, 6: e22522.

[86] Dirks R M, Pierce N A. Triggered amplification by hybridization chain reaction. PNAS, 2004, 101: 15275-15278.

[87] Chen L, Sha L, Qiu Y W, et al. An amplified electrochemical aptasensor based on hybridization chain reactions and catalysis of silver nanoclusters. Nanoscale, 2015, 7: 3300-3308.

[88] Li S F, Li P, Ge H M, et al. Elucidation of leak-resistance DNA hybridization chain reaction with universality and extensibility. Nucleic Acids Res, 2020, 48: 2220-2231.

[89]　Yang H，Gao Y，Wang S，et al. In situ hybridization chain reaction mediated ultrasensitive enzyme-free and conjugation-free electrochemcial genosensor for BRCA-1 gene in complex matrices. Biosens Bioelectron，2016，80：450-455.

[90]　Morrison D，Rothenbroker M，Li Y. DNAzymes：selected for applications. Small Methods，2018，2：1700319.

[91]　Liu Y Q，Zhang M，Yin B C，et al. Attomolar ultrasensitive microRNA detection by DNA-scaffolded silver-nanocluster probe based on isothermal amplification. Anal Chem，2012，84：5165-5169.

[92]　Khan S，Burciu B，Filipe C D M，et al. DNAzyme-based biosensors：immobilization strategies，applications，and future prospective. ACS Nano，2021，15：13943-13969.

[93]　Yang J，Dou B，Yuan R，et al. Proximity binding and metal ion-dependent DNAzyme cyclic amplification-integrated aptasensor for label-free and sensitive electrochemical detection of thrombin. Anal Chem，2016，88：8218-8223.

[94]　Chai H，Miao P. Bipedal DNA walker based electrochemical genosensing strategy. Anal Chem，2019，91：4953-4957.

[95]　Yan T，Zhu L，Ju H，et al. DNA-walker-induced allosteric switch for tandem signal amplification with palladium nanoparticles/metal-organic framework tags in electrochemical biosensing. Anal Chem，2018，90：14493-14499.

[96]　Liu J，Zhang Y，Xie H，et al. Applications of catalytic hairpin assembly reaction in biosensing. Small，2019，15：1902989.

[97]　Yu S，Wang Y，Jiang L P，et al. Cascade amplification-mediated in situ hot-spot assembly for microRNA detection and molecular logic gate operations. Anal Chem，2018，90：4544-4551.

[98]　Dworakowska S，Lorandi F，Gorczyński A，et al. Toward green atom transfer radical polymerization：current status and future challenges. Adv Sci，2022，9：2106076.

[99]　Braunecker W A，Matyjaszewski K. Controlled/living radical polymerization：features，developments，and perspectives. Prog Polym Sci，2007，32：93-146.

[100]　Kreutzer J. Atom-transfer radical polymerization：new method breathes life into ATRP. Nat Rev Chem，2018，2：0111.

[101]　Paweł C，Marco F，Sangwoo P，et al. Electrochemically mediated atom transfer radical polymerization (eATRP). Prog Polym Sci，2017，69：47-78.

[102]　Wang J S，Matyjaszewski K. Controlled "living" radical polymerization，atom transfer radical polymerization in the presence of transition-metal complexes. J Am Chem Soc，1995，117：5614-5615.

[103]　Hu Q，Gan S Y，Bao Y，et al. Controlled "living" radical polymerization-based signal amplification strategies for biosensing. J Mater Chem B，2020，8：3327-3340.

[104]　Wu Y F，Wei W，Liu S Q. Target-triggered polymerization for biosensing. Acc Chem Res 2012，45：1441-1450.

[105]　Hu Q，Wang Q，Kong J，et al. Electrochemically mediated in situ growth of electroactive polymers for highly sensitive detection of double-stranded DNA without sequence-preference. Biosens Bioelectron，2018，101：1-6.

［106］ Hu Q, Bao Y, Gan S Y, et al. Electrochemically controlled grafting of polymers for ultrasensitive electrochemical assay of trypsin activity. Biosens Bioelectron, 2020, 165: 112358.

［107］ Hu Q, Wan J W, Liang Z W, et al. Dually amplified electrochemical aptasensor for endotoxin detection via target-assisted electrochemically mediated ATRP. Anal Chem, 2023, 95: 5463-5469.

［108］ Hu Q, Han D X, Gan S Y, et al. Surface initiated reversible addition fragmentation chain transfer polymerization for electrochemical DNA biosensing. Anal Chem, 2018, 90: 12207-12213.

［109］ Hu Q, Bao Y, Gan S Y, et al. Amplified electrochemical biosensing of thrombin activity by RAFT polymerization. Anal Chem, 2020, 92: 3470-3476.

［110］ Su L F, Wan J W, Hu Q, et al. Target-synergized biologically mediated RAFT polymerization for electrochemical aptasensing of femtomolar thrombin. Anal Chem, 2023, 95: 4570-4575.

［111］ Zheleznaya L A, Kachalova G S, Artyukh R I, et al. Nicking endonucleases. Biochemistry, 2009, 74: 1457-1466.

［112］ Williams R J. Restriction endonuclease. Mol Biotechnol, 2003, 23: 225-243.

［113］ Yuan L, Tu W W, Bao J C, et al. Versatile biosensing platform for DNA detection based on a DNAzyme and restriction-endonuclease-assisted recycling. Anal Chem, 2015, 87: 686-692.

［114］ Wu D, Yin B C, Ye B C. A label-free electrochemical DNA sensor based on exonuclease Ⅲ-aided target recycling strategy for sequence-specific detection of femtomolar DNA. Biosens Bioelectron, 2011, 28: 232-238.

［115］ Lobato I M, O' Sullivan C K. Recombinase polymerase amplification: basics, applications and recent advances. Trac-Trend Anal Chem, 2018, 98: 19-35.

［116］ Wang Y N, Wu L Q, Yu X M, et al. Developmen to farapid, sensitive detection method for SARS-CoV-2 and influenza virus based on recombinase polymerase amplification combined with CRISPR-Cas12a Assay. J Med Virol, 2023, 95: e29215.

［117］ Gao F L, Zhu Z, Lei J P, et al. Sub-femtomolar electrochemical detection of DNA using surface circular strandreplacement polymerization and gold nanoparticle catalyzed silver deposition for signal amplification. Biosens Bioelectron, 2013, 39: 199-203.

［118］ Liu S F, Wang Y, Ming J J, et al. Enzyme-free and ultrasensitive electrochemical detection of nucleic acids by target catalyzed Hairpin assembly followed with hybridization chain reaction. Biosens Bioelectron, 2013, 49: 472-477.